茶问茶境

昆明市农业广播电视学校 编

主编 蓝增全 沈晓进 胡滇碧

图书在版编目（CIP）数据

茶问茶说 / 蓝增全，沈晓进，胡滇碧主编. -- 昆明：云南大学出版社，2021
ISBN 978-7-5482-4347-2

Ⅰ. ①茶… Ⅱ. ①蓝… ②沈… ③胡… Ⅲ. ①茶文化—中国—问题解答 Ⅳ. ①TS971.21-44

中国版本图书馆CIP数据核字(2021)第187772号

策划编辑：朱　军
责任编辑：邵　娟
装帧设计：刘　雨

CHA WEN CHA SHUO

出版发行：云南大学出版社
印　　装：昆明理煋印务有限公司
开　　本：787mm×1092mm　1/16
印　　张：12
字　　数：250千
版　　次：2021年10月第1版
印　　次：2021年10月第1次印刷
书　　号：ISBN 978-7-5482-4347-2
定　　价：48.00元

社　　址：云南省昆明市一二一大街182号（云南大学东陆校区英华园内）
邮　　编：650091
电　　话：（0871）65033244　65031071
网　　址：http://www.ynup.com
E-mail：market@ynup.com

前　言

作为世界三大饮品之一，茶起源于中国，盛行于世界。全球有60多个国家和地区产茶，超过20亿的人饮茶。为了赞美茶叶的经济、社会和文化价值，促进全球农业的可持续发展，2019年12月联合国大会宣布将每年5月21日确定为“国际茶日”。2020年5月21日迎来第一个“国际茶日”，国家主席习近平向“国际茶日”系列活动致信表示热烈祝贺。联合国设立“国际茶日”，既体现了国际社会对茶叶价值的认可与重视，又对茶产业振兴、茶文化传播起到很大推动作用。作为茶叶生产和消费大国，中国愿与世界人民一道，推动全球茶产业持续健康发展，深化茶文化交融互鉴，让更多的人知茶、爱茶，共品茶香茶韵，共享美好生活。

中华茶文化源远流长，不仅因为中华大地孕育出世界上最早的茶树，更因为千百年来这片小小的树叶，在中华文明不断发展的道路上，承载了丰富的精神价值和社会功能。中国是茶的故乡，中国西南地区是世界茶树的原产地。在世界茶树原产地上流淌着一条川流不息的大河——澜沧江，澜沧江流域分布有许多古茶树，孕育了茶文明。世界茶树原产地各族先民千百年来发现茶树、栽培茶树和利用茶叶，与茶树和谐共处，孕育了异彩纷呈的民族茶文化。世界茶树原产地的茶树、茶叶、茶文化，通过茶马古道传遍全中国，催生了中华茶文化，中华茶文化通过丝绸之路、茶船古道等，传遍全世界。中国是茶的发源地，是孕育世界茶文化的摇篮。

人类与茶树相遇、相携、相伴，从远古走到现在，又从现在走向未来，共同生活在一片天空之下，茶就在你我身边。编写本书的初衷是让更多的人了解茶，爱上茶，振兴茶产业，弘扬茶文化，增强文化自信，增强民族自豪感。全书共九章，围绕茶的定义展开：第一章介绍茶的定义、茶的分类；第二章介绍茶树的起源、茶园茶地的管理；第三、四章介绍茶的加工及分类、茶的贮运、审评、品鉴、选购；第五章介绍古今中外名茶、好茶；第六章介绍茶的药用价值、保健功能；第七章介绍茶的食用方式；第八章介绍云南民族茶产业、茶文化；第九章介绍中华茶文化知识。

本书由昆明市农业广播电视学校组织编写，是在西南林业大学蓝增全教授团队多年教学、科研、实践经验积累的基础上，由浦滇、杨薇、朱昱璇、苏应琴、范奕杉进行了大量的野外调查、图片拍摄、标本采集、资料整理等工作，丰富了书稿的素材内容，经马雨菡、赛立馨、李秋静多次修改完善而成的。由于编者水平有限，书中难免存在疏漏和不足之处，敬请读者批评指正。

在此向给予本书极大支持和帮助的西南林业大学表示特别的致谢！

编　者

2021 年 5 月 21 日

目录

CATALOGUE

第6章 药用食用何为重

第7章 多姿多彩茶食饮

第8章 云茶大地谁主沉浮

第9章 中华茶文化知多少

第1章
问世间茶为何物

人们习惯把一些可以泡着喝的东西都叫茶，如菊花茶、玫瑰花茶、金银花茶（用花），杜仲茶（用树皮），银杏叶茶、绞股蓝茶、苦丁茶（用叶），山楂枸杞橄榄茶（用果），五味子、树花茶（其他部位），苦荞茶、大麦茶（大麦、小麦、燕麦、青稞、荞麦炒香磨碎），总之，人们把各种植物的可食用部分制干或鲜采后泡水喝、清饮、加茶饮、加奶饮。

通常人们把在特定时间里的饮用形式称为喝茶，如喝酥油茶，擂茶、糖茶、婚俗中喜茶、广式早茶、英国下午茶、新加坡肉骨头茶等，这些都不是我们常说常用的茶。

大众认知茶

01 什么是茶

从专业上讲，茶是指“从茶树上采下来的嫩芽叶经加工而成的饮料”。这里面需要弄清楚几个概念：“专业”是指茶学，茶学专门研究茶、茶产业、茶树栽培、茶叶加工、茶文化、茶与艺术等；“从茶树上采”，而绝不是从别的植物植株上采摘；“嫩芽叶”，是指茶树上的芽和叶，而不是它的花、果、根、皮或其他什么部位；“加工”，则不是直接食用；“饮料”，强调了茶的第一功能或者最重要的功能是饮用。

世界三大无酒精饮料是茶、咖啡、可可。其中，茶又被称为 21 世纪最健康的饮料。茶中不仅含有茶叶碱，也含有咖啡碱、可可碱以及其他对人体有益的成分，这使得茶比咖啡、可可口味更平和、功能更丰富，接受、受益的人群更为广泛。

图 1-1　茶（纳濮茶园　供图）

图1-2　咖啡

图1-3　可可

02 什么是生态茶

生态茶是指在无环境污染的自然生态条件下不施农药和化肥而生产出的茶。生态代表着人们对健康生活方式的向往。生态茶目前还没有国家标准。

图 1-4 景迈古茶林

03 什么是高山茶

许多海拔在 1600 ~ 2600 米的茶园、茶地，四周都是森林，生态环境良好，无污染。用生长在这里的茶树上的嫩芽叶做的茶，被称为高山茶。高山茶富有高山气味。云南有很多海拔 1600 米以上的茶山、茶地、茶园。高山茶一般不施农药和化肥，生态、安全。

04 什么是高杆茶

为了使茶园的管理更为规范，一般把茶树限制在一定高度，便于采茶，比如 1 米左右。如果茶园因故被撂荒多年，茶树长至 5 米以上，用这类茶树的嫩芽叶做的茶，被称为高杆茶。

05 什么是古树茶

有法规条例规定，树龄在 100 年以上的树为古树，受法律保护。在中国的西南地区，尤其在云南，100 年以上树龄的古茶树很多。采自这些古茶树上的鲜叶做的茶，就叫古树茶。

06 什么是老树茶

老茶树是指树龄在 30 年的茶树，但又不能确定是古茶树，采自这些老茶树上的鲜叶做的茶，就是老树茶。

图 1–5　墨江凤凰窝茶园

07 什么是台地茶

“台地茶”是非专业用语。传统栽茶树的方法是顺山坡、棵对棵、满天星式栽培。这样的栽培方法易造成水土流失，树也栽的少。现代茶园建设首先要做规划：修成台地和梯田，铺设好道路和水利设施，选茶树品种，配遮阴树，做好肥培、病虫害管理。在平整的台地上栽茶树，看上去整齐美观，利于保土保水，可以适度密植，便于管理，专业上我们称作“现代茶园”，产出的茶，老百姓通常叫“台地茶”。现在“台地茶”几乎成了农药化肥茶的代名词，这是一个认识误区。

图 1-6　现代茶园

08 什么是森林茶

茶树是从森林中走出来的植物，人类在发现茶树后就开始驯化茶树，让茶树渐渐走出森林。当前人们对天然无污染的生态茶的迫切需要，以及对自然、生态、清新、健康饮品的向往和追求，让茶树回归森林，让茶园建设符合森林生态的需求，因此催生出“森林茶、森林茶园”这两个概念，目前对这两个概念尚无权威的定义。

图 1-7　天堂山森林茶

笔者认为森林茶是以生长在良好森林环境中的茶树上的嫩芽叶为原料加工制作而成的茶。它还泛指从像森林一样具有良好生态环境的茶园、茶山、茶地中的茶树上采摘的鲜叶做成的茶。

09 什么是森林茶园

人们将存在于良好森林环境中的茶园称为森林茶园。广义上的森林茶园是指由生长在森林环境下的茶树所构成的茶园，这样的茶园可以是以茶树为主体，也可以是以其他树种为主体，茶树可以为乔木型或灌木型，大多数散落生长。在中国像这样的茶山、茶园有很多。国内已申请到“中国森林认证茗茶”品牌的企业有 10 家，正在申请的云南高黎贡山集团也拥有这样的茶园。

图 1-8 生态环境良好的森林茶园

10 什么是撂荒茶

图 1-9 大关县改造撂荒茶园生产出的茶品

有许多已十几年甚至几十年无人管理的茶园、茶地，虽然原有的茶树还生长着，但地里长满了各种杂树、杂草，像一片森林一样。采自这些花园、茶地里的茶树上的嫩芽叶做成的茶，被称为荒野茶、野放茶、撂荒茶。这些茶树，通常没有施用农药和化肥，做出的茶生态、安全。

图 1-10　大关县安乐村莲花寺撂荒茶园

撂荒数十年或退耕还林多年的山地、林地、茶园、茶地里的茶树，自身或周围已成林。由于自然条件优越，打理不困难，在常规指导和培训下采摘茶树上的嫩芽叶，可加工成精品的森林红茶、绿茶、白茶。茶园中还能养蜂、养鸡、种菜等，可获得额外收益。撂荒茶作为特色农产品，品质好、成本低，条件成熟后还可申请森林茶认证，一举多得。

11 什么是山头茶

山头茶是指以某一茶山为地理范围生产的茶品的统称。云南地理位置特殊，地形复杂，气候环境多样，独特的自然环境孕育了丰富的茶树品种资源。普洱茶各产区茶树的生长形态不同，各茶山（山头）的茶叶品质就有着明显的不同特点。民间传说西双版纳有 19 座茶山，如布朗山、班章、景谷山、邦崴山、南糯山、革登山、蛮砖山、无量山、易武山、倚邦山、千家寨、攸乐山、景迈山等。这些山头茶有“北苦南涩”“东柔西刚”的口感特点。

12 为什么说茶树是生态环境友好型树木

从笔者考察过的茶树生长的典型生态环境来看：夏威夷茶树长在桫椤树下；越南茶树与桑树同栽；福建福州茶树与梅树同长在大石头缝里；云南苍源茶树与大巨龙竹混生成林，昌宁茶树长在华山松林里，南涧茶树与大马樱花树混生。许多的茶园，分布在香蕉园、甘蔗园、荔枝园、橡胶园边上，分布在云海梯田里，低矮的蕨类、花草、中药材、食用菌长满整个茶园茶地。有一些小型茶厂、初制所、试验站常设在茶园茶地里，其周边常常混栽梅、兰、竹、菊、桂花、牡丹、芍药、核桃、板栗、枣、柿子、苹果、梨、桃、杏、李、橘、石榴、香缘、无花果等植物，茶树与这些花草、果树都长得很好。在普洱，若热带果树多多，茶园就变得更加湿热，热情洋溢如红茶。在丽江见过围栏内一株云南拟单性木兰树与几十米外的小片茶园相对望，周边是松、柏、杉、樟树林，那孤单、冷凉、清远如普洱生茶。茶树最善与天下众植物共生、共处，他们或彼此为邻，或遥遥相望，或聚集成林，或相互荫蔽、取暖、保湿。茶树是真正的环境友好型生态文明树。

专业认证茶

QS 认证是国家质量监督检验检疫总局颁布的食品质量安全市场准入制度的简称。茶叶同粮油、肉制品、乳制品等食品都在这项制度的适用范围内。该项制度的核心内容是对生产加工企业实行生产许可制度，对食品生产实行强制检验制度，对食品流通实行市场准入标识制度。

01 什么是无公害茶

图 1-11　无公害农产品认证标志

茶园、茶地、茶树上可以少量施用国家允许施用的高效、低毒、低残留的化肥、农药，用从这些茶园、茶地、茶树上采集的芽叶加工的茶为无公害茶。饮用无公害茶对人体健康没有危害。无公害茶必须经专门机构认证。

02 什么是绿色食品茶

绿色食品茶是由国家认证的，分 A 级和 AA 级。A 级绿色食品茶，从茶园到茶杯的一系列过程中可以少量使用国家允许使用的化学合成物质，但有严格的标准；AA 级绿色食品茶与有机茶要求相近，完全不能使用化学合成物质。

图 1–12　绿色食品认证标志

03 什么是有机茶

有机茶是一种无污染的纯天然茶。有机茶是从茶园到茶杯的一系列过程中不使用化学农药、化学肥料、生长激素、化学添加剂、化学色素和防腐剂等化学合成物质，不使用基因工程技术。从期望和趋向上看，同生态茶一样；从具体条件看，与 AA 级绿色食品茶一样。有机茶可以申请国际认证和国内认证。

图 1–13　有机食品认证标志

04 茶叶的食品质量安全市场准入条件有哪些

茶叶的食品质量安全市场准入条件有环境条件、生产设备条件、原材料要求、加工工艺及过程要求、产品标准要求、人员要求、产品贮运要求、检验能力要求、质量管理要求、产品包装和标识要求。符合这些条件

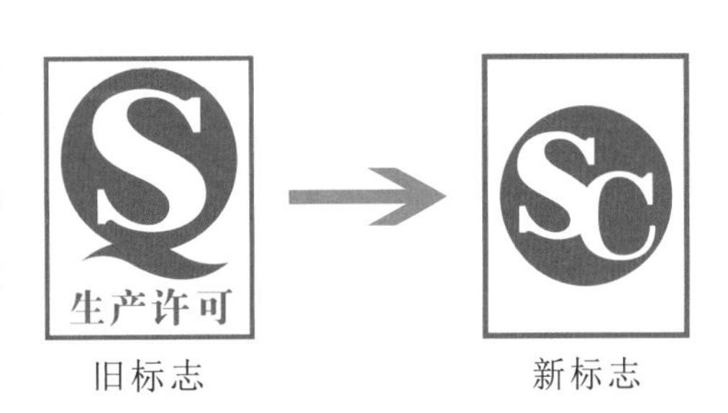

图 1–14　食品生产许可的旧标志与新标志

的具体规定后，可在最小销售单元的包装上标注《食品生产许可证》编号，同时加印食品质量安全市场准入标志，也就是 QS 标志。

05 茶产品包装上有哪些认证标志

茶叶企业如有无公害认证、绿色食品认证、有机食品认证，都可视为符合或部分符合 SC 认证条件。在茶产品包装上可贴上有无公害、绿色食品、有机食品和 SC 认证标志。

06 什么是欧盟有机认证

欧盟有机认证 ECOCERT SA 成立于 1991 年，是国际上最大的有机认证机构之一，一直坚持为客户提供独立、严格和高效的认证服务，业务遍及欧洲、亚洲、美洲、非洲等 70 多个国家和地区。

ECOCERT SA 可提供种植、养殖、农业生产资料、有机化妆品、有机纺织品、有机水产品和生态清洁剂等方面的认证服务。欧盟有机认证在国际上影响力很大，通过欧盟有机认证的食品绿色、安全、健康众所周知。做过欧盟有机认证的茶产品有利于在全球销售。

图 1–15　欧盟 ECO CERT 有机认证标志

07 什么是雨林联盟（RA）认证

雨林联盟（Rainforest Alliance）是非营利性的国际非政府环境保护组织，总部设在美国纽约，成立时间为 1987 年，是一家专业 FSC 认证机构。雨林联盟的使命是通过改变土地利用模式、商业模式和消费者的行为，保护生物多样性和可持续的人居环境。

图 1–16　雨林联盟认证标志

目前，雨林联盟正与全球近 100 个国家、地区的企业、政府和社区组织共同合作，帮助他们改变土地利用的方式，制订长期的资源利用和维持生态平衡的计划。

云南有许多著名茶企如碧丽源、龙润、滇红集团都取得了雨林联盟（RA）认证。

08 什么是 HFCI 清真食品认证

清真认证（Halal 认证），认证的是符合穆斯林生活习惯和需求的食品、药品、化妆品以及食品、药品、化妆品添加剂。

国际清真食品理事会是全球最具权威的清真食品认证机构之一，其香港代理处颁发 HFCI 清真食品认证证书。证书在非洲、中东、欧美、亚洲以及中国内地（大陆）、香港、澳门、台湾等地区使用。云南滇红集团股份有限公司生产的茶叶系列产品就通过国际清真食品理事会审核，被授予了 HFCI 清真食品认证证书。

图 1-17　清真食品认证标志

09 茶树来自森林，森林是什么

森林是以木本植物为主体的生物群落，是大量密集生长的乔木与其他植物、动物、微生物和土壤之间相互依存相互制约，并与环境相互影响，从而形成的一个生态系统的总体。森林被誉为“地球之肺”。联合国粮食及农业组织（FAO）将“森林”定义为：“面积在 0.5 公顷以上、树木高于 5 米、林冠覆盖率超过

图 1-18　中国森林食品认证标志

10%，或树木在原生境能够达到这一阈值的土地。”

10 什么是中国森林认证

中国森林认证体系（CFCC）于 2014 年获国际森林认证组织（PEFC）的互认，与国际森林认证体系认可计划（PEFC）联合标识，获得全球 40 多个国家认可。

中国森林食品认证（CFFC）是中国林业生态发展促进会依据民政部核准的业务范围开展的一项认证工作，按照特定的标准和规定的程序，对森林经营单位和林产品生产、加工、销售等全链条进行符合性审定并颁发认证证书。

2017 年 3 月 25 日，在江苏句容举办的中国首届茶叶森林认证高峰论坛上，江苏茶博园茅山长青等 10 个茗茶品牌首批被授予“中国森林认证茗茶品牌”证书。云南高黎贡山集团正在申请办理中。

图 1-19　国际森林认证标志

通过中国森林认证的茗茶品牌，可以授权使用中国森林认证标识（CFCC）和国际森林认证标识（PEFC），还可以直接进入与国际森林认证标识（PEFC）互认的国家市场。森林认证可推动茶产业向标准化、高端化和差异化方向发展。

11 要取得茶叶森林认证有哪些技术要求

获得茶叶森林认证的技术要求包括有非木质林产品经营规划、实施非木质林产品种植或养殖相应技术要求、实施水土资源利用保护、严格控制使用化学品、进行非木质林产品经营监测与档案管理等。

第2章
茶树起源何处寻

茶树的起源跟一切动物、植物的起源一样，究竟世界上是先有茶树还是先有茶籽，这就像世上先有鸡还是先有蛋一样难以说清。但是茶树的起源时间是比较明确的，地球上出现第一颗茶树的种子或者第一株茶树苗（应该是茶树的前身宽叶木兰，如人类的前身是猿一样）距今 4000 万至 7000 万年之间。茶树的原产地，有的说成原生地、发祥地、初始地等等，众说纷纭，被热炒的地点有印度的阿萨姆，中国的云南、贵州、四川、广西、福建、杭州等。目前，较一致的观点是世界茶树的原产地在中国的西南地区。最重要的证据是拥有千百年树龄的野生大茶树，贵州还发现茶籽化石。

茶树的诉说

已被世界公认的茶树原产地在中国的西南地区，即现在的云南、贵州、四川、重庆、广西等区域。有论证说明茶树原产地的核心地带在云南省境内的澜沧江流域、高黎贡山脉、哀牢山脉范围内。因为这一流域、两山脉范围内还保留着地球上最多的野生型、栽培型古茶树和古茶树群落。

01 发现古茶树

在百年茶树原产地之争的岁月里，有数不清的古茶树、古茶树群落逐一被发现，这些古茶树成为中国作为世界茶树原产地的“活化石”。这些古茶树 90% 以上的分布在澜沧江流域，尤其富集在澜沧江流域的大理至西双版纳区间，具有显著的区域性特征。

02 勐海巴达野生型大茶树

勐海巴达野生型大茶树在 1961 年被发现，它位于云南省西双版纳州勐海县巴达乡大黑山自然保护区内。该保护区海拔约 1500 米。勐海巴达野生型古茶树树高 32.12 米，基部直径为 100.3 厘米。据报道，树龄约有 1700 年。勐海巴达野生型古茶树是众多野生茶树的代表，也是世界迄今发现的茶树中最高的一棵。

图 2-1 邦崴大茶树

03 澜沧邦崴过渡型古茶树

澜沧邦崴过渡型古茶树位于云南省普洱市澜沧县富东乡，在 1991 年被发现。它位于北纬 23°7′37″、东经 99°56′11″，海拔 1891 米。其特性特征：乔木树型，树姿直立，分枝生长旺盛；树高 11.8 米，树幅 11.1 米 ×10.2 米，基部直径 78.9 厘米，距地 1.3 米处分成 12 枝，其中有 4 枝直径在 20 厘米以上，最大一枝直径 48.7 厘米。普洱澜沧邦崴古茶树既保留部分野生茶树的性状，又有栽培型茶树特征。

04 勐海南糯山栽培型大茶树

勐海南糯山栽培型大茶树位于云南省西双版纳州勐海县格朗和乡南糯山村，在 1951 年被发现，树高 8.8 米，树幅 9.6 米，主干直径 1.38 米，树龄约 800 年。

05 南川德隆镇茶树王

南川德隆镇茶树王位于重庆市南川区德隆镇茶树村（重庆市古树茶研究院挂牌 005 号，重庆金山湖农业开发有限公司与重庆市古树茶研究院联合挂牌 001 号）。它处于东经 107°23′94″，北纬 28°89′44″，海拔 1247 米。其特性特征：乔木树型，长势一般；树高 7.6 米，树幅为 6.8 米 ×6.0 米，基部直径 61.4 厘米，主干已枯，中空。

图 2-2　重庆南川大茶树

06 贵州茶籽化石

1980 年在贵州晴隆县发现的茶籽化石，经中国科学院地化所和中国科学院南京地质古生物研究所鉴定，距今至少有 100 万年，是世界上迄今为止发现最古老的、唯一的茶籽化石。

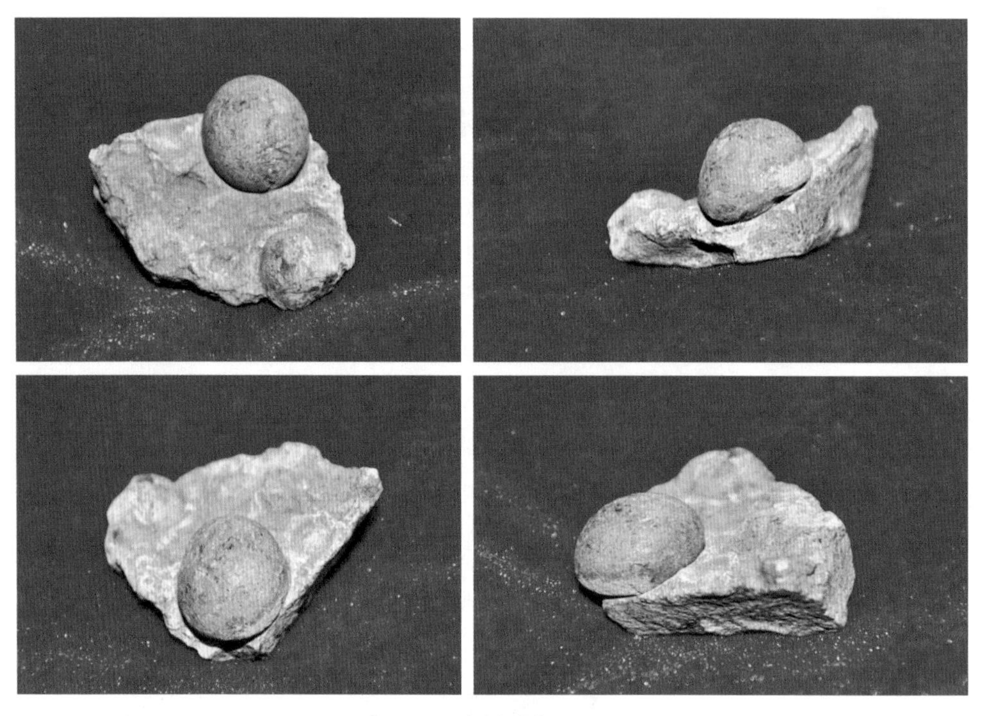

图 2-3　贵州茶籽化石

07 香竹箐大茶树

香竹箐大茶树位于云南省临沧市凤庆县香竹箐村，处于东经 100°04′53″，北纬 24°35′51″，海拔为 2245 米，高大乔木，树姿开张，分枝密，树高 10.6 米，树幅为 10.0 米 ×9.3 米，基围 5.8 米，基部直径 1.85 米。据报道，树龄约 3200 年，打破吉尼斯世界纪录，成为世界上最古老的茶树。

图 2-4　香竹箐大茶树

08 困鹿山古茶树

困鹿山古茶树位于云南省普洱市宁洱县宁洱镇宽宏村困鹿山，东经 101°04′37.53″，北纬 23°15′4.66″，海拔 1652 米，大乔木，树姿开张，分枝密，树高 9.6 米，树幅 9.96 米 ×8.63 米，基部直径 58.2 厘米。这里生长着一些古茶树群落。

图 2-5　困鹿山古茶树

09 茶树是何时被人类发现的

中医四大经典著作之一的《神农本草经》，成书于汉代。该书记述了远古时期我们的祖先对自然植物的探究。其中有一条“神农尝百草，日遇七十二毒，得茶而解之”，意思是说，神农在尝各种树叶和花草时中了毒，当采到一种树上的叶子吃了后，不仅毒被解除了，而且感到精神倍增，于是记下这种树叫“茶”，也就是现在我们说的茶树。神农可能是炎帝、黄帝，也可能是比炎黄二帝更早的人类祖先，他是远古时期人类的代表或象征，他首先发现和利用了茶树，这个时期距今6000 年到 15000 年，甚至更早。

10 人类发现和利用茶有几个阶段

一般说茶的利用经历药用到食用再到饮用三个阶段，但实际上茶的三种方式从来都是并用的。神农时期我们的祖先为了生存觅食果腹，神农在觅食过程中多次中毒后吃了茶树的叶子解了毒，就记为药用。这说明茶首先是可以食用的，在日常食用中，无论生吃还是熟吃，虽味道苦涩，口感不好，但吃了可解腻（人类初期吃的食物，肉食性食物多于植食性食物）、提神，所以茶叶作为食物被保留了下来，只是古人把它的药用价值列在前。伴随着中医中药的发展，茶最终没有成为纯中药，而成为饮品。先辈们做出这样的选择自有他们的道理，茶与人类相伴而行到今天，它的主要功能是饮用，但兼有药用和营养保健功能。

11 人类驯化、栽培茶树的动因是什么

茶树是人类的邻居、朋友，人类喜欢它、需要它。人类自从发现了茶树的叶子可以吃、可以解毒后，就常常想吃到它，于是让这茶树离自己的居住地越近越好。为了能够长期拥有它，人类开始驯化、栽培茶树。从近万年的人类发展历程来看，人类需要茶树。人类驯化、栽培茶树，干预了茶树的进化，让茶树结束了自生自灭的状态，与人类相伴而行，共同发展到今天。

12 茶树传播的途径有哪些

地球上环境适宜的地方都长着茶树以及它们的子孙后代。在人类出现

前，自然界的地壳运动、流水作用、风力作用将茶树种子、种苗传播到世界各地。当人类发现茶叶的价值后，再次把茶树种子、种苗带到世界各地，在不断传播的过程中孕育了茶文化。

13 茶树怎么定义

从植物学的角度来看，茶树是一种多年生、常绿、木本植物。茶树多年生的上限是一个很有争议的话题。根据植物生理发展规律，茶树活不过千年。常绿，是说茶树看上去四季总是绿色的，好像不落叶，其实不然，茶树的老叶子还没落去，树上又萌发出许多的新叶，让你感觉到它是常绿的。茶树是典型的木本植物，有大乔木型、小乔木型，如果看上去像灌木、藤本，那是人为修剪、采摘造成的。

14 茶树怎么分类

茶树同人类共同生活在地球上，和人类一样，按不同的划分标准就有不同的种类和称呼。茶树分类可按植物学分类中的位置、树形、叶形、生存状态、品种、地域等方面来划分，但较为常用的是按树形和叶形来划分。

15 茶树在植物学分类中处于什么位置

植物界—种子植物门—双子叶植物纲—山茶目—山茶科—山茶属—茶组—茶种—茶变种。

16 茶树按树形怎么分类

按树形分类，茶树分为大乔木型、小乔木型、灌木型。这里说的大乔木一般指树干高 10 米以上，茎干粗壮；小一些的叫小乔木。灌木型是指树没有明显的主干、枝条丛生状，这是为了方便采摘和管理，在茶苗长到 20 多厘米高的时候就剪去它的“头”，叫作去掉顶端优势，茶树就会从茎基部萌发出几枝新枝，并逐渐生长成灌木型。灌木型绝非茶树天生形态，是人类对茶树驯化的结果。

17 茶树按叶形怎么分类

茶树按成熟叶片的大小分为大叶种、中叶种、小叶种。根据童启庆的《茶树栽培学》的定义：茶树成熟叶片的叶面积（长 × 宽 ×0.7）大于 28 ~ 50 平方厘米的为大叶种，在 14 ~ 28 平方厘米的为中叶种，小于 14 平方厘米的为小叶种。在我国的江南江北茶区，中、小叶种茶树居多，云南则以大叶种茶树为主。

18 茶树按生存状态怎么分类

茶树的生存状态有三种，无人为干预（采摘、改变周围生态）的属野生型，人为干预过并长期驯化的为栽培型，野生的茶树经人为干预后属过渡型。台地茶、荒野茶、放养茶、山地茶、平地茶等都应包含在栽培型茶树中。

19 茶树按品种怎么分类

一般茶树品种分为地方品种和新选育品种。

地方传统茶树品种，如浙江西湖龙井、福建安溪铁观音、武夷山大红袍、勐海大叶种、昆明十里香、印度阿萨姆等等。

新选育品种是对优良的地方品种进行不断培育、筛选，最终选育出既保留原地方品种的优良特性又具有一些新的优点的茶树品种，如云抗系列中的云抗 10 号、云抗 14 号、紫鹃，他们都是既保留云南大叶种茶树的优良品质，又有自己的特点（云抗系列抗寒，其中云抗 10 号抗病虫，紫娟芽叶呈紫色）的新选育品种。著名的新选育品种还有龙井 43 号、冻顶乌龙、长叶白毫等等。有些是茶品种的传统名称，如水仙、文山包种、鸠坑、白鸡冠等。

20 茶树的叶子有什么特征

茶叶成熟后叶片呈椭圆形，有叶尖，叶的边缘有锯齿，靠近叶柄基部两侧的叶缘是光滑的；叶的主脉明显，有 7 ~ 19 对侧脉，每一根侧脉从主脉开始向叶缘延伸，当伸到 2/3 处时与上面的一根侧脉连接，叶片上形成脉网。茶树的嫩芽长满了白色的茸毛，嫩叶背面也长着茸毛，一般情况一芽一、二、三叶有茸毛，到第四叶背面就没有茸毛了，所以有茸毛是嫩芽叶的标志。另外叶子柔软、有隆起、颜色绿油润都是茶树品种优良的标志。

21 茶树和山茶花是什么关系

山茶花和茶树同属山茶目山茶科山茶属，但种不同，是近亲姐妹。山茶花以花见长，花多姿多彩，重在观赏，叶子不能食用。如云南山茶花名品狮子头、恨天高。茶树以叶子见长，白色小朵花、单瓣，每年 10、11 月开花结果。

图 2-6　山茶花

22 采茶为什么要采嫩芽叶

采茶就是要把茶树枝条上的嫩芽叶采下，如芽，一芽一、二、三叶，一芽四、五、六、七、八叶（渐老叶、茎）。就一根枝条上从芽往下叶、茎逐渐变老，茶的主要内含物质如茶多酚、咖啡碱、氨基酸等成分含量也随着嫩度降低而减少，也就是说嫩芽叶中这些主要内含成分相对多，茎、叶越老，这些成分相对少些；而有些微量元素成分如氟（这里仅就微量元素氟含量举例）含量，正相反，是随嫩度下降而增加的，在较老茎叶中氟含量相对多些。显然，喝嫩芽叶做的茶，更有益于人体健康。

人类的茶园茶地

茶树经人工驯化栽培后，适栽范围已远远超过原始生长区域。目前世界茶树的纬度分布为北至北纬 49° 的外喀尔巴阡，南至南纬 22° 的纳塔尔；垂直分布从低于海平面到海拔 2300 米（印度尼西亚的爪哇岛）范围内，而以北纬 6° ~ 32° 的区域茶树生长种植最为集中，产茶量也最大。五大洲都有茶树，亚洲当属最多，其中中国又是茶树最多的国家。印度、斯里兰卡、孟加拉国、土耳其、日本、肯尼亚、印尼、阿根廷都有较为集中的茶园。

01 我国有哪些茶区

我国茶区分布极为广阔，南至北纬 18° 的海南岛三亚，北至北纬 38° 的山东蓬莱太行山脉的灵寿县五岳寨，西至东经 95° 西藏东南部林芝易贡，东至东经 122° 的台湾东岸，覆盖浙江、安徽、湖南、台湾、四川、重庆、云南、福建、湖北、江西、贵州、广东、广西、海南、江苏、陕西、河南、山东、甘肃等 21 个省（区、市）967 个县、市。

（1）我国四大茶区之西南茶区、华南茶区

西南茶区也叫高原茶区，涵盖贵州、重庆、四川、云南中部及北部、西藏东部等地区。

云贵高原为茶树原产地中心区域，地形复杂，有些同纬度地区海拔高低悬殊，气候差异很大，大部分地区均属亚热带季风气候，冬不寒冷，夏不炎热，具有立体气候的特征，年平均气温为 15 ~ 19℃，年降水量为 1000 ~ 1700 毫米。西南茶区大多是盆地和高原，地形较为复杂，土壤类型多样。云南中部和北部地区的土壤大多是赤红壤、山地红壤及棕壤，土壤有机质含量比其他茶区更丰富（土壤的差异性更是造就普洱茶品质差异性的主要原因）。四川、贵州和西藏东部的土壤是黄壤，有少量棕壤，土壤状况也较为适宜茶树

生长。适栽大叶种、中小叶种、小乔木、大乔木型的茶树品种。

华南茶区也叫岭南茶区，涵盖福建中部、南部，广东中部、南部，海南南部，广西南部，云南南部等地区。茶区内具有丰富的水热资源；茶园茶山茶地多位于茂密的森林中；土壤以砖红壤为主，部分为红壤和黄壤；土层深厚，土壤肥沃，有机质含量丰富；年平均气温为 19 ~ 22℃，年降水量为 1200 ~ 2000 毫米。生长栽培有大乔木型、小乔木型、中小叶种茶树品种。

（2）我国四大茶区之江南茶区、江北茶区

江南茶区也叫中南茶区，位于长江以南，涵盖广东北部、广西北部、福建中部及北部、湖南、浙江、江西、湖北南部、江苏南部等地区。

江南茶区大部分是低山低丘，但也有海拔 1000 米的高山，比如安徽黄山、浙江天目山、江西庐山、福建武夷山。茶区茶园分布于丘陵地带，土壤多黄壤，部分红壤；属中亚热带季风气候；年平均气温 15℃ ~ 18℃，冬季气温一般在 −8℃；年降水量 1400 ~ 1800 毫米。适宜种植中小叶种茶树，少部分地区适宜种植小乔木型、大叶种茶树。

江北茶区也叫中北茶区，是我国最靠北的茶叶产区，南起长江，北到秦岭淮河，西至大巴山，东至山东半岛，涵盖甘肃南部、陕西西部、湖北北部、河南南部、安徽北部、江苏北部。

江北茶区的地形比较复杂，茶区土壤多属黄棕壤或棕壤，是中国南北过渡带土壤。茶区年平均气温为 15℃ ~ 16℃，冬季最低气温一般为 −10℃左右；年降水量较少，为 800 ~ 1100 毫米。适宜种植中、小叶种茶树。

02 西藏有茶园吗

易贡茶场位于西藏林芝市波密县易贡乡，地处东经 94°52′、北纬 30°19′，海拔 1900 ~ 2300 米。茶场始建于 1966 年 9 月，是从雅安、福建等地引进优良茶树品种建立起的规范茶园，至今生产优质有机红茶、绿茶。它是西藏历史上第一个规模茶场。

图 2-7　易贡茶场

03 什么是地球的脐带

国内外科学家经长期考察和研究发现，在地球的北纬 30° 线附近的区域，地质地貌最多样，自然生态最多姿，物种矿藏最丰富，被称为地球的脐带。其最为丰饶的微量元素、矿物质、磁场、电场、重力场对人与环境生态都有重要影响，其中磷、锌、硒等元素和土壤富含的有机质对茶树生长及茶叶品质的形成起到非常重要的作用。

04 北回归线上有哪些茶园

北回归线是北纬 23°26′ 纬线，是太阳光线能够直射在地球上最北的界线。列举几个在这条线上的县市及当地名茶：云南墨江是中国唯一的哈尼族自治县，北回归线穿县城而过，被称为“哈尼之乡”“回归之城”“太阳转身的地方”，北回归线公园就坐落在城边一座不起眼的茶山上，园内有回归线标识、天文科普馆，还有双胞胎井，不远处就是著名的迷帝茶、凤凰窝茶产地茶园。北回归线上的县市还有云南的景谷县、耿马县、双江县、元江县、红河县、建水县、个旧市、蒙自市、文山市、砚山县、麻栗坡县、富宁县、西畴县，处处有古茶树群落、新老茶园；另外，广西的桂平、广州的从化、台湾的嘉义都在北回归线上，周边有茶园，还都是好茶。这些适宜茶树生长、旅游的地方真该去看看。

图 2-8　墨江北回归线茶园

05 什么是茶树生长的“黄金线”

我国传统名优茶产区大多分布在北纬 28° ~ 32° 地区，如安徽的黄山，江西的庐山，浙江的天目山、雁荡山、天台山、普陀山等。这些高山，既是名山胜地，又是传统名茶产地，传统名茶如黄山毛峰、天目青顶、雁荡毛峰、普陀佛茶等。北纬 28° ~ 32° 是中小叶种茶树生长的“黄金线”，特别适制、出品名优绿茶。号称“中华第一茶”的西湖龙井茶产地杭州龙井村、狮峰山就处于这一“黄金线”的最中间，即北纬 30°04′ ~ 30°20′。

图 2-9 墨脱茶园

墨脱茶产自西藏林芝市墨脱县境内。墨脱县是雅鲁藏布江进入印度阿萨姆平原前，流经中国境内的最后一个县，位于东经 93°45′ ~ 96°05′、北纬 27°33′ ~ 29°55′。县域内地势北高南低，海拔在 200 ~ 7787 米，平均海拔 1200 米。此产区从多处引进优秀茶树品种，生产有机红茶、绿茶。

06 茶树（茶园）的基本适栽条件有哪些

茶树适宜生长在海拔 2300 米以下，最适宜生长的海拔为 600 ~ 1500 米；微风；年均温度 15℃ ~ 25℃；湿度 55% ~ 75%；年降雨 800 ~ 1500 毫米且需较均匀；最喜欢散射、漫射光，就是阳光透过遮阴树叶或透过浓雾照到茶树上；红黄砂土壤，土壤 pH 值为 4.5 ~ 6.5，偏酸性；坡度小于 30 度；周边生长的最好是能与茶树共生的植物，大气中没有有害物质。

07 大棚里栽的茶好喝吗

从大棚里栽培的茶树上采摘鲜叶经加工制成的茶叶就是“大棚茶”。茶园里建立塑料大棚，冬季实施覆盖，起到防寒防冻，促进茶树早萌发的作用，在我国北方如山东的崂山、日照地的茶园多有应用，这些茶园里做出优质的绿茶，口感较好。

08 自然环境如何影响茶树生长和茶叶品质

由于在气候、土壤、水热、植被等方面存在明显差异，在垂直分布上，茶树最高种植地区海拔 2600 米，最低种植地区仅距海平面不足百米。地域的差异，对茶树生长发育和茶叶品质产生深远的影响。所以在不同区域内生长着不同类型和不同品种的茶树，由于茶树的适应性和茶叶的适制性差异，形成了各地不同的茶类结构。

09 为什么说山高雾大出好茶

茶树是喜荫好湿的植物，不喜阳光直射，喜散射光、漫射光照射，在大树多、植被好、湿度大、雾气大的高山（不是高寒）地带，特别适合茶树生长。茶树长得好，可采的嫩芽叶就好，再加上采得好、做得好，自然就有好茶叶。最好的云雾茶有江西庐山云雾茶、四川蒙顶云雾茶、云南元阳云雾茶等。

10 什么是明前茶

清明节前采制的茶叶叫明前茶，类似的传统叫法还有雨前茶、谷花茶等。明前茶受虫害侵扰少，芽叶细嫩，色翠香幽，味醇形美，是茶中佳品，但产量较少，所以有“明前茶，贵如金”之说。

茶园茶地管理

现代茶园茶地管理要符合绿色、有机、生态、森林化要求，这样茶园茶地里采摘的鲜叶加工出的茶才能安全饮用，全球茶叶用量的95%以上来自现代茶园茶地，人类应像建设家园一样建设茶园，像爱护家人一样爱护茶园茶地，像对待朋友一样对待茶园茶地中的茶树。

01 你知道茶树生长地的指示植物是什么吗

笔者去过国内各大茶区，鉴别过许多老茶树，也寻找过适合栽培茶树的地块，规划过茶园。长期积累的经验是，只要有大片蕨类植物（拳菜、龙爪菜）生长的地方，基本可断定有老茶树生长或者可以栽种新茶树。蕨类植物对茶树不离不弃，不计条件，只要有茶树生长的地方，一定有多种蕨类伴随生长，蕨类植物被看作树生长地的指示植物。

图 2-10 蕨类植物

02 什么是茶园生态立体种植

人们主要通过建设茶园防护风景林带，种植遮阴树、风景树木、经济林草等，来构建生态茶园景观。通过加强茶区的原有植被和树种的保护，改善茶园生态环境，调节茶园小气候，减少地表径流量，防止水土流失，形成以茶树为主的生物多样性立体复合生态茶园，变茶园为公园、果园、药草园。

图 2-11　茶园生态立体种植

03 茶园如何配置遮阴树

茶树是喜温耐荫植物，在茶园内种植遮阴树，可以保护水土，减少茶树受寒、受旱、受风危害，改善茶园小气候，促使茶树良好生长，提高茶叶品质。遮阴树在茶园中按每亩 8 ~ 15 株种植，成龄后要求遮阴度在 30% ~ 50%。可每亩茶园种植 10 株遮阴树，株行距 8 米 ×8 米，营造茶园风光，打造茶园立体景观。遮阴树的分枝高度控制在 1.8 米以上。在茶园中间、四周和不宜种植茶树的陡坡、山顶、山脊、山脚、沟边、道两旁等合理地种植适宜本地生长的植物。选树种的原则是看当地尤其是茶地周边已有的适宜树种，如桂花、香樟、水果、樱花、松、柏、杉、红叶石楠、天竺桂、云南樱花、枇杷、蓝花楹、肋果

图 2-12　茶园遮阴树红豆杉

茶、小叶冬青等；若要配置特别的树种，就要研究其生长习性，是否能与茶树和谐共生，如红豆杉、核桃树。

04 茶园土壤耕作有什么作用

耕锄可以增加土壤的孔隙度，提高土壤的保水和蓄水能力，同时耕作后土壤变得疏松，增加了土壤的透气性，促进土壤中有益微生物的活动，另外能使翻入土壤下层的杂草、枯枝落叶及施入茶园的有机肥料易于分解成为茶树能够吸收的养分，供茶树生长。

图 2-13　云南昭通大关茶园

05 森林生态茶园要施肥吗

有条件的森林生态茶园可以施肥，并严格按照技术要求施肥。肥料有如下几种：

有机肥料：动物性肥料如人粪尿、厩肥、家禽粪等；植物性肥料如油枯、米糠等；还有堆肥、塘泥等。

生物肥料：是一类含有大量活的微生物的特殊肥料，这类肥料施入茶园土壤中，大量活的微生物在适宜条件下能够积极活动。

绿肥：凡是耕翻到土里作为肥料用的绿色植物体都叫作绿肥。绿肥最大功用是增加茶园土壤中的有机质。可以专门在茶树行间种各种绿肥植物。

06 茶园铺草有什么作用

茶园铺草可以起到减少水土流失，抑制杂草生长，增加土壤有机质含量，起到抗寒、抗旱、保苗等作用。铺草的材料可选择鲜杂草、秸秆、稻草、绿肥、锯木灰、落叶、可降解地膜等，按 10 厘米的厚度均匀地铺在茶树行间，每亩铺草量为 1000 ~ 3000 千克。试验表明，茶园铺草后在冬季 1 月上旬，可使地表土温比未铺草的提高 1 ~ 3℃；夏天可使地表土温降低 4 ~ 8℃；10 月中、下旬雨季刚结束，茶园铺草可提高土壤水分含量 3% ~ 5%。

07 茶树的常见病虫害有哪些

茶树主要害虫有 50 余种，危害较为严重的有茶尺蠖、茶卷叶蛾、茶毛虫、茶黑毒蛾、茶蓑蛾、扁刺蛾、茶细蛾、茶蚕、红蜘蛛、茶斑蛾、小绿叶蝉、茶蚜、黑刺粉虱、长白蚧、角蜡蚧、茶橙瘿螨、茶天牛、茶梢蛾等。

茶树主要病害近 100 种，常见的有茶芽枯病、茶白星病、茶饼病、茶云纹叶枯病、茶红锈藻病、地衣和苔藓、茶树根结线虫病等。

08 如何绿色防控茶园病虫害

保护茶园生物群落结构，维持茶园生态平衡。茶树病虫害的防治，宜采用综合防治措施，多用生物防治、农艺措施防治。采取植树造林，种植防护林、行道树、遮阴树，增加茶园周围的植被。有些茶园应该退茶还林，但也可以全部保留、部分留养。通过调整、修复茶园布局，使之成为较复杂的生态系统，创造丰富的生物多样性，从而改善茶园的生态环境，抑制病虫害的、杂草的滋生，促进天敌繁衍，保持茶园生态系统的平衡和生物群落的多样性，增强茶园自然生态调控能力。

森林生态茶园茶地病虫害防控，在局部小范围发生时、在不采茶时、在封园时（越冬），可以施用国家允许用的农药。注意严格按要求配制、按规范操作，保证茶树、人的安全健康。推荐使用石硫合剂、波尔多液，可自行配制，沿用数十年，符合绿色防控要求。

09 茶树的花果去了哪里

限制茶树的花果生长，可促进茶树嫩芽叶生发。在茶树栽培管理上有一项重要措施就是摘除花果。被摘除的花可以丢进正在复烤、复焙的散茶里提高茶的香气滋味，也可压在茶饼里，更为美观。摘除的茶果如果有一定量，可以用来榨油，也可随时切碎还田。

10 大茶树能移栽吗

俗话说："人挪活，树挪死。"山茶科植物尤其是茶树不易移栽。出于种质资源保护的目的，在 2005 年、2006 年有十数株百年以上的昆明十里香古茶树被整树移栽。有六株已存活过 15 年。总结昆明十里香古茶树整树移栽的经验，移栽前修剪枝叶；准备移栽时除了注意坑的深度、回填土、浇足定根水等常规移植栽培要点外，还有 9 个方面需要注意：（1）雨季移栽，但不要过七月中旬；（2）根部带土垡，土垡尽量大，用草绳一圈一圈地紧密缠绕固定住茶树植株的根系及土垡，让其"根本"尽量不会松动；（3）用红漆、红布条等标注方向，使其移栽后尽量与原坐姿、态势、朝向一样；（4）当天挖当天移栽；（5）大体一致的区域和水土条件（如云南农大试验茶园与十里香茶原产地十里铺）；（6）搭遮阴棚，保持遮阴至完全成活。第（5）（6）项可能是提高移栽成活率的关键。

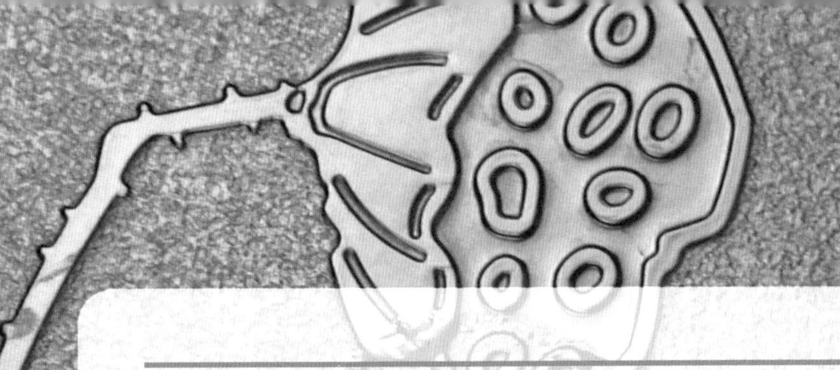

第3章
好茶名茶怎么做

茶或茶叶，专业上特指从茶树上采下嫩芽叶（鲜叶）经加工而成的饮料。也就是说茶或茶叶是做（加工）出来的。

细说茶叶加工

01 什么叫“做茶”

图 3-1　萌发的芽叶（杨薇　拍摄）

“做茶”或“茶叶加工”是指把从茶树上采下的嫩芽叶（鲜叶）干燥到可以包装贮存的全过程。从鲜叶的采摘到做好成品茶，因加工方法的不同，就形成了不同风格的茶品。

02 怎样采茶

采茶是做茶的第一道工序。长在茶树上的叶子叫生叶，采下来的叶子就叫鲜叶。采摘的鲜叶好不好，会直接影响成品茶的品质。手工采茶，特别是采高档茶，采之前要修剪指甲、用清水洗手；采时不能用指甲掐嫩芽叶，采用“提采”的方式轻轻地提下来；采下后，要用干净的湿毛巾把装鲜叶的筐包起来，尽量避免搬运过程中损伤鲜叶。不能将病虫叶、枯叶、茶枝、茶果以及其他杂物混进鲜叶筐内。

图 3-2　茶叶采摘（祖祥茶园　供图）

03 采茶标准有哪些

采芽做茶，就是采全芽，全芽茶最嫩，档次最高。芽下带一片叶叫一芽一叶，芽下带两片叶叫一芽二叶，芽下带三片叫一芽三叶，依次类推；没有芽只有两片叶子对生的叫对夹叶或对开叶；芽、一芽一叶、一芽二叶、一芽三叶、刚形成的对夹叶都是嫩芽叶，是做高档茶的原料。一芽四叶、五叶及以后的鲜叶就粗老了。纤维素含量是茶叶老嫩的标志。一般来说纤维素含量少，鲜叶嫩度好，制茶成条，做形较容易，能制出体形好的茶。

不同的茶类，茶叶采摘标准就不同，采茶时要按标准采摘。如名优绿茶要细嫩，以采单芽、一芽一叶为主；一般茶类要多采中、上级叶，少采低级叶，尽量不采级外叶。

04 如何做到合理采茶

合理采茶就是根据茶树的生长特点，正确解决好采叶与留叶的关系。采摘时不采小芽苞，不掰“马蹄”，不采老叶，严禁“抹光头”。采摘，不能把鲜叶放在手心中攥得太多、太紧，要勤采勤放，当茶筐装满后，不

①②为一芽一叶，③为一芽二叶

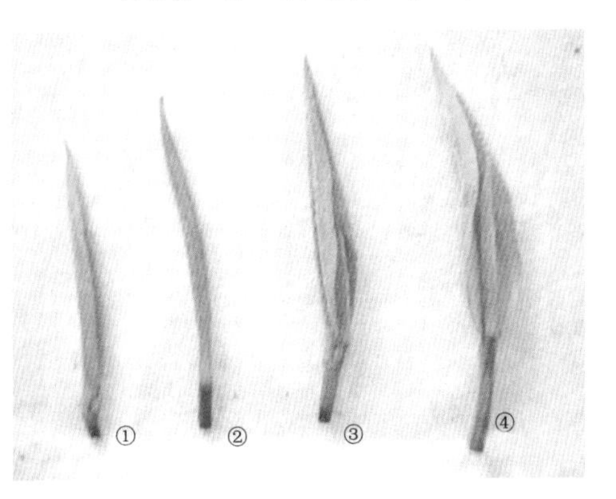

①②为全芽，③④为一芽一叶半开展

①为一芽三叶，②为一芽四叶

图 3–3 茶的芽叶分类（朱昱璇 供图）

能把鲜叶压紧，应及时倒出摊晾，做到轻倒、轻拿、轻放、轻装。

05 什么是手工茶和机制茶

我们的祖先（神农）首先发现了茶树上叶子能吃，后来就把落在茶树下的种子拾起带到住所附近栽培（农耕开始），把从茶树上采下的嫩芽叶弄干了贮存起来慢慢吃（加工开始）。手工做茶工艺代代相传。我们现在所见所闻的制茶工艺其实都是后人在模仿先人的制茶工艺的基础上总结、创新、发展而成的。随着现代科技的进步，手工做茶中一些加工环节可以用机器代替。现在机制茶在保证成品茶的基本品质上做到了省时省力，具有很多优点。但手工茶保留着浓浓的地方特色，是机制茶可替代的，手工制茶技艺需要不断传承下去。

06 什么是摊晾和萎凋

从茶树上采下的嫩芽叶不能立刻投入锅里或机器里加工，要积累到一定量后统一加工。鲜叶一旦离开茶树就开始有失水，发生活性酶反应。摊晾、萎凋、薄摊、摊放等都是一个意思。摊晾就是把鲜叶摊开散一下，透透气，让鲜叶均匀失水。加工白茶、红茶、乌龙茶原本就需要有个“失水、活性酶反应”的过程，所以总结工艺流程时就把这种摊放固化下来，专用名词叫“萎凋”。做绿茶、黄茶、黑茶需要将鲜叶尽快投入高温杀青的流程，要尽

图 3-4 茶鲜叶萎凋（祖祥茶园 供图）

3-5 萎凋车间

量缩短摊晾的时间，所以摊晾不是制茶的必要工艺流程。

07 什么是杀青

把茶叶放在高温的锅里炒制叫作杀青。杀青可以使鲜叶变软，散发掉一定的水分和青气，杀死鲜叶叶片里的活性酶。可以用蒸气杀青，这叫蒸青；还可以用沸水杀青，这叫煮青或捞青，只适用于量很小的鲜叶杀青。蒸青和煮青都没有锅炒杀青应用得广泛。杀青是做绿茶的关键工序。

图 3-6　杀青（纳濮茶园　供图）

图 3-7　手工和机器杀青设备

08 什么是揉捻

把经过杀青或萎凋变软的鲜叶用手工或机器揉成条形、针形、颗粒、片状等要求的形状就叫揉捻。揉捻的作用除了做形外，还使茶叶的细胞破碎，茶汁溢出附着在已成形的叶表面，干燥后冲泡才能泡出颜色和滋味。所以，揉捻是做各种茶（传统白茶除外）都必有的一道加工工序。

图 3-8　茶叶揉捻（祖祥茶园　供图）

09 什么是做茶的干燥阶段

已揉捻成型的叶子需要干燥。干燥通常是茶叶初制的最后一道工序，制成后的茶叶被称为毛茶。干燥方法有晒干、烘干、炒干、微波炉干燥。传统晒干起始温度低，干得慢，干茶多呈现自然青香。传统烘干、炒干都可以提高起始温度，茶叶干得快。干茶呈现的香型不尽相同。

图 3-9 晒干的茶（朱呈璇 供图）

10 干茶的标准是什么

国家标准要求干茶的含水量在 4% ~ 6%。检验符合标准的最简单的方式是捏一把干茶会感到很刺手，茶容易被捻成碎末。有些需缓慢氧化的茶，如普洱生茶含水量要稍高一些。

11 绿茶是怎么做成的

将鲜叶经杀青、揉捻、干燥制成的茶就叫绿茶。直接用日光晒干的绿茶就叫晒青绿茶，直接烘干的绿茶叫烘青绿茶，用炒干的方式加工成的绿茶叫炒青绿茶。在炒青绿茶中又因茶的形状不同分成长炒青（条形、针形）、圆炒青（颗粒、螺丝）、扁炒青（片形）、特种（细嫩）炒青。

12 为什么说中小叶种适制绿茶

纵观传统历史名茶，那些著名的、进贡的、获大奖的绿茶，绝大多数都是用中小叶种茶树上采下的嫩芽叶制成的，如龙井、碧螺春、信阳毛尖、都匀毛尖、昆明十里香等。其原因有两方面：一是形体娟秀。中小叶种做的茶体形苗条，所谓“窈窕淑女，君子好逑”；二是滋味鲜爽。中小叶种茶相较大叶种茶，多酚含量更低，某几种氨基酸或某几种芳香物含量略高，做出的茶滋味更平和、香气更高远。

13 婺源绿茶制作技艺有什么独特处

婺源绿茶制作技艺是江西省婺源县地方传统技艺，国家级非物质文化遗产之一。婺源绿茶在松萝茶制法基础上进一步发展和创新，采取高温杀青、小桶揉捻、低温长焙的工艺，形成了“叶绿、汤清、香浓、味醇”厚的品质特点，是中国传统名茶之一。婺源绿茶在唐朝时已载入陆羽的《茶经》中，宋时品质让人称绝，明清作为贡品并远销海外。

图 3-10　婺源茶

14 回龙茶为什么备受青睐

云南梁河县梁河回龙茶栽培历史悠久，文化底蕴深厚，品质全国领先，获多项国家级认证，归纳为“三品、三标、四专利”。三品：全县获无公害茶园认证、绿色食品茶园认证、有机茶园认证的茶园面积共 5.2 万亩；三标：2013 年“回龙茶”荣获农业部农产品地理标志保护登记认证、2015 年通过国家工商行政管理总局商标总局注册登记地理标志“梁河回龙茶”证明商标、2015 年 5 月梁河回龙茶地方标准通过评审；四专利：梁河回龙金花菌普洱茶紧压茶及制法、梁河回龙磨锅茶、梁河回龙竹香绿茶、梁河回龙茶分级采摘加工技术。

图 3-11　梁河回龙茶

15 炒青绿茶有什么特点

炒青绿茶条索（体形）紧结、色泽灰绿、香高持久，冲泡后会散发出类似炒板栗、炒豆、煮嫩玉米、新鲜橄榄的香气，喝起来滋味鲜纯。

16 什么是磨锅茶

刚做好的炒青绿茶放在20℃左右的锅里轻轻推着磨炒，故而得名磨锅茶。茶叶在锅内摩擦4～5个小时，当茶表面上出现色油润、亮爽等变化时，才算完成。这道工序也叫上霜、辉锅、着色、复焙。

17 烘青茶有什么特点

烘青茶的条索较炒青茶的条稍显松泡，色泽乌润，有烘烤纯小麦面包、爆米花的香气，冲泡后香气高锐、滋味纯正，如碧螺春茶、黄山毛峰茶、太平猴魁茶。

18 什么是美拉德反应

美拉德反应又称非酶棕色化反应，它是法国化学家美拉德（L.C.Maillard）在1912年提出的，广泛存在于食品工业的一种“非酶褐变”现象。它还原了糖类与氨基酸和蛋白质之间的反应，最后以一种棕色或者是黑色的大分子物质展现，又称羰氨反应。美拉德反应在西餐烹饪中是一个著名的词汇，而且应用非常广泛。在茶叶加工中美拉德反应对茶叶香气的产生具有重要作用。

除了烘青茶，许茶类在加工烘焙程序中都会出现美拉德反应，如多种岩茶的烘焙、红茶的干燥、花茶的干燥。

19 什么是晒青茶

晒青茶是毛茶加工的最后一道干燥工序，晒青茶是以茶树鲜叶为原料，经炒制、杀青后，放在太阳底下晒干后的茶叶。晒干的茶体形松，呈黑色，有明显的晒味，这种晒味呈现出自然界花草清香味，冲泡后香气持久，滋味清纯。如云南大叶种的晒青毛茶，也叫普洱茶原料茶。

图3-12 晒青毛茶
（纳濮茶园 供图）

20 蒸青茶有什么特点

蒸青是指鲜叶杀青的方式采用蒸气蒸，利用蒸气杀死鲜叶中的活性酶。蒸青的鲜叶经揉捻后再晒干、烘干、炒干。所以香气、滋味与晒青、炒青、烘青相似，但蒸气杀青叶子破损更小，无焦煳味，做出的茶条索紧结，香气持久、滋味更鲜爽。

湖北恩施的恩施玉露、云南临沧耿马勐撒蒸酶、天坛牌珠茶都是传统的名优蒸青绿茶。

21 什么是仙人掌茶

仙人掌茶产于湖北当阳市玉泉山麓玉泉寺，李白曾写诗大赞。特级茶为一芽一叶，芽长于叶，芽叶长2.5～3厘米，多白毫。加工工艺：蒸气杀青—炒青做型—烘干定型。其外形扁平似掌，色泽翠绿，白毫披露。

22 什么是绿茶

绿茶的另一称呼就是不发酵茶，因为绿茶的制法是将鲜叶直接杀青，接着揉捻、干燥，没有其他茶的焖黄、渥堆、萎凋、变红等发酵的加工过程。在亚洲有饮用绿茶人数最多。

23 什么是黄茶

我们的祖先做茶，习惯先将鲜叶进行杀青和揉捻，然后晒干、烘干或炒干，如果不能及时干燥的也要摊开晾晒。有时没有摊晾，渥堆放着，十多个小时后茶叶变成了黄色，干燥后茶叶的颜色为黄绿色，冲泡后汤叶呈温暖的黄色，滋味没有绿茶的青涩，香气比绿茶更加熟香、更加醇和。黄茶就这样诞生了。经长期的摸索实践，形成一道固定的加工工序——焖黄，就是把揉捻叶放在特制的容器里焖一阵，再然后送去干燥。

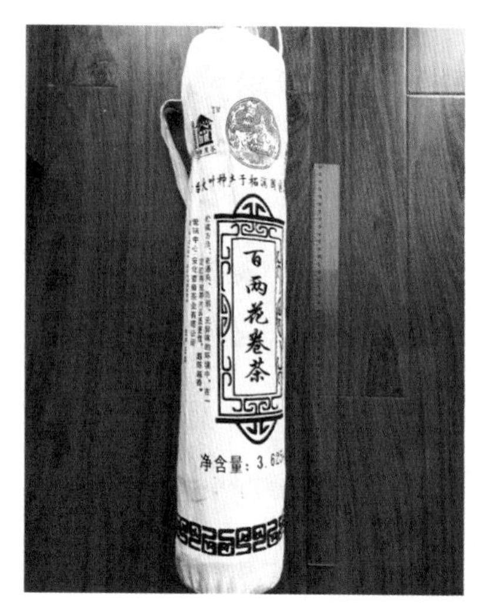

图 3-13 百两花卷茶（朱昱璇 供图）

24 什么是黑茶

在我国四川、湖南、湖北、广西等茶区传统的茶叶加工中都有从茶树上采下较粗老的叶子，经杀青、揉捻后就堆成一大堆（渥堆），覆盖严密，让茶堆自然发酵，发酵过程中适当翻堆几次，45 ~ 65 天后摊开来晒干，就做成了黑茶。渥堆是做黑茶的关键工序。黑茶的干茶是褐色的，冲泡后茶汤是褐红色，有松烟香味，滋味醇厚。

25 什么是白茶

茶叶的加工工艺是逐渐发展形成的。当初我们祖先把采下来没吃完的鲜叶晒干后贮存起来。晒干，就是最早的茶叶加工方法。如今，仍有将鲜叶摊晾（萎凋）直到变干的做法，通常把这样做出来的茶称为白茶。

图 3-14 摊晾

白茶的工艺流程是采摘鲜叶—萎凋—干燥。传统上福建白茶最经典。用芽头做的白茶叫银针，一芽一、二叶做的叫牡丹，一芽三叶及以下的叫寿眉。

白茶的毫香蜜韵，体现为杏香、荷香、枣香、药香。

26 什么是青茶

在我国广东、福建、台湾、海南等地，做茶的方式一般是把鲜叶摊晾（萎凋）一阵，就摇动这些叶子（叫摇青或做青），接着杀青、揉捻、干燥。把类似这种加工方式做出来的茶叫作青茶，也叫乌龙茶。做出的青茶冲泡后大具有花香味（但不能确定是何种花香）、汤色金黄，叶底呈现绿叶红边、红斑的特点。各小地域的传统名称有铁观音、乌龙茶、武夷岩茶、大红袍、水仙、单枞、文山包种等等。

27 什么是红茶

将萎凋的茶树鲜叶摆放柔软后经过揉捻或者揉切（做红碎茶），再静置自然发酵，叶子由绿逐渐变红，完全变红后烘干就成了红茶。红茶的加工只有在干燥过程中才加热，其他过程都是茶叶内部在进行氧化（发酵），所以又被称为全发酵茶、重发酵茶。现在还有少量晒干的红茶，称之为晒红，散发出浓郁花香味，汤色金黄。

图 3-15　工夫红茶

图 3-16　冬至红茶

28 什么是花茶

花茶是典型的再加工茶。选择六大茶类中任何一种干茶作为茶坯，首先铺上一层鲜花瓣打底，然后铺上一层选好的茶坯，再铺上一层花瓣，铺上一层茶坯，如果条件适宜，可多铺几层，最后密封起来，让干茶充分吸收鲜花香气，这就叫“窨”。24 小时后打开密封，把茶、花分开，把茶烘干。这样窨一次是单熏，窨两次就是双熏，窨三次就是三熏。

29 茶树的花可以用吗

茶树的花，在千百年中国茶叶史上一直少有人提及，但它是一种优质的蛋白质营养源。从茶树上采下的花可以有以下几种用途：（1）纯花饮用，有一定药理作用，但口感不太好。（2）少量掺在普洱茶里，生、熟均可，压成饼，新颖、美观，但稍多就会影响对茶原味的品尝；（3）用鲜茶花来窨制茶。把采下的茶花铺一层在干净的容器底部，然后一层一层地把茶放上，密封 24 小时后，捡去花，烘干茶，可如此反复几次。茶最好选用烘干的茶，如青毛茶、红茶、普洱茶等。这样窨制出的茶味清香，沁人心脾，滋味仍保持原茶的风味。

图 3-17　茶树花

30 鲜花与茶如何搭配才适当

做花茶，对鲜花要求较高，花要新鲜、要香、要适宜拌进茶中；茶坯要用烘干的茶。其实还要注意鲜花与茶的搭配，什么花适合窨什么茶，如茉莉花、珠兰、缅桂、栀子、蜡梅、柚子花等适宜窨制绿茶，玫瑰花、鲜荔枝适宜窨制红茶，桂花适宜窨制乌龙茶。这样茶味花香相得益彰，香气、颜色更加协调，形成了一派新的品质特点。

31 哪些鲜花适合窨茶

茉莉花、桂花、玫瑰、珠兰、缅桂、金银花、栀子花、蜡梅花等是窨茶常用花，适合批量生产。古人留传下来的精致窨茶方法：包一小撮茶，凌晨时到荷塘前找一个荷苞，轻轻分开花瓣，把茶放在花蕊上，合上花瓣，用线系住荷苞嘴（防止荷苞在白天散开）。次日凌晨打开荷苞取出茶叶，再换一个荷苞窨茶，窨上三五天，茶味清香高扬，曼妙无比。

32 什么是柚子花茶

柚子花茶是用烘青绿茶和柚子花窨制的花茶，主要产于福建、浙江、广西、贵州、广东、湖南等地。约在清乾隆年间，柚子花茶就已成为贡品。茶叶吸收花香后具有浓郁的甜香。该茶耐冲泡、香高持久，茶汤放置半天至一天后，茶味始终清郁悠长，口感醇润，饮后口齿生津、回香甘滑。传统上大部分柚子花仅作为茉莉花茶窨前的“打底”使用，以弥补春季茉莉花香之不足。柚子花茶的内质香气浓郁，鲜爽持久，同茉莉花香相调和，可以提高茉莉花茶的香气浓度。柚子花茶具有良好的药理作用，如理气、舒肝、和胃化瘀、清心润肺、清肝明目、镇痛等。

33 谁家蜡梅花茶香

重庆巴南的傲雪蜡梅花茶，是用柳叶蜡梅窨当地烘青绿茶而成的。蜡梅花茶香气清丽淡雅，沁人心脾。中医常将蜡梅花作为清凉解暑生津药，可治疗心烦口渴、气郁胸闷。民间有直接将干蜡梅花泡茶饮用的习惯。

图 3-18　蜡梅花茶

34 小青柑茶怎么做

小青柑普洱茶味道甘洌可口，还伴随着淡淡的怡人清香。它可以作为养生茶，起到清热解毒、清新排污、宁静内心的作用。

七八月份的柑橘正适合用来制作小青柑，选用大小适中的柑橘，将果肉疏通，干净不留肉。

挖果肉是要把整个果子里面的果肉取出，用清水清洗干净，放在太阳底下晾干，也可以放进大烤箱烤干。把勐海普洱茶填满小青柑壳后轻轻挤压，放进烤箱烘烤之后，茶叶和果壳会发生奇妙的化学反应，香气怡人。

图 3-19　小青柑茶（纳濮茶园　供图）

35 荔枝红茶怎么做

把新鲜荔枝和工夫红茶放在一起用低温烘干，当荔枝被烘成干荔枝果时，茶也被窨制成了，然后将荔枝和红茶分离开。荔枝红茶外形是工夫红茶外形；香气是浓浓的荔枝甜香；茶汤美味可口，冷热皆宜，这些特征以广东的荔枝红茶最为典型。家中小量制作，可用剥好的鲜荔枝肉与红茶一起放进微波炉里窨制，制出的荔枝红茶风味独特、品质也很不错。

图 3-20　荔枝红茶

36 枫球子茶是什么

用枫球子熏制茶叶是湖南省益阳市桃江县松木塘镇一带的传统加工方法，极具地方特色。这特色手工艺传承了几百年，具体时间无从考证，却每每听见人说益阳有枫球子茶……遍地捡枫球子晒干备用。采当地茶树的鲜叶摊晒、烫青、揉捻、初烘、熏烤到干。熏制是在铁盆中装上炭火，再把干枫球子覆盖在炭火上。用铁皮筒把碳火盆罩住，竹制的“茶烤”放在铁筒上，揉捻好的茶坯薄摊在茶烤上。炭火引燃的枫球子发出带有枫香味道的烟雾，缓慢地将茶坯熏干。

概说茶叶分类

中国茶叶主要分类方法：根据加工方式，分为基本茶类和再加工茶类；根据发酵程度，分为重发酵茶，轻发酵茶、全发酵茶、半发酵茶、后发酵茶等；根据季节，分成春茶、夏茶、秋茶。

根据茶树品种名称直接命名，如铁观音；根据茶树所在的地域命名，如中国茶、云南茶、勐海茶、老班章茶等。

01 中国应用最广泛的茶叶分类方式是什么

依据加工方式，再结合干茶颜色，茶叶被分成绿茶、黄茶、黑茶、白茶、青茶、红茶六大类。

鲜叶→杀青→揉捻→干燥→绿茶；

鲜叶→杀青→揉捻→焖黄→干燥→黄茶；

鲜叶→杀青→揉捻→渥堆→干燥→黑茶；

鲜叶→萎凋→干燥→白茶；

鲜叶→萎凋→做青→杀青→揉捻→干燥→青茶；

鲜叶→萎凋→揉捻（切）→发酵→干燥→红茶。

02 什么是基本茶类和再加工茶类

以鲜叶直接加工出来的茶叶是基本茶类，有绿茶、黄茶、黑茶、白茶、青茶、红茶六类；以六种基本茶类中任何一种为原料再加工的茶就归为再加工茶类，如花茶、紧压茶、萃取茶、茶饮料等。

03 什么是紧压茶

紧压茶是把已经做好的茶，如绿茶、黄茶、黑茶、白茶、青茶、红茶、花茶，经蒸热回软后，放在特定的模具里压制成形的一类茶。常见的有各种规格的砖茶、饼茶（如七子饼、贡饼）、沱茶、金瓜、工艺茶等。

图 3-21　紧压茶（朱昱璇　供图）

04 什么是发酵茶

各地方做茶习惯大不相同，称呼也不同。前文介绍过的“萎凋、焖黄、渥堆、做青、发酵”等工序都是茶叶的发酵过程，只是程度、先后次序不同。依发酵的程度来分类，茶可分为不发酵茶、发酵茶。发酵茶中又有轻发酵茶、重发酵茶、全发酵茶、半发酵茶、后发酵茶等。如此看来，绿茶是不发酵茶，其余黄、黑、白、青、红茶都是发酵茶，只是发酵程度不同。

05 什么是精加工茶

把茶的鲜叶经杀青等工艺做出来的茶叫初加工茶、初制茶、毛茶，毛茶经筛分、捡剔、拼配、包装等精加工工序做出的茶叫精制茶或精加工茶。

06 什么是茶叶精制拼配技术

拼配是茶叶精制加工过程中毛茶验收定级、精制加工、半成品拼配三大环节之一。产品质量的优劣，原料使用价值的发挥，通过拼配体现出来。拼配使茶叶的色、香、味、形符合标准，符合贸易样、成交样的要求；只有通过拼配才能使茶的品质更具稳定性、一致性，也才能以质优创品牌、增效益。普洱散茶的拼配技术要领可归纳为12个字，即“扬长避短，显优隐次，高低平衡。”

07 何谓茶叶深加工

茶叶的深加工是指用茶的鲜叶、成品茶叶为原料，或者用茶叶、茶厂的废次品、下脚料为原料，利用相应的加工技术和手段生产出含茶制品。含茶制品可以是以茶为主体，也可以以其他物质为主体。

08 茶叶深加工技术有哪些

茶叶的机械加工技术：是一种只改变茶叶的外部形式，不改变茶叶的基本品质的加工方法，袋泡茶是茶叶机械加工的典型产品。

茶叶的物理加工技术：其典型产品有速溶茶、罐装茶水（即饮茶）、泡沫茶（调制茶）。

茶叶的化学和生物化学加工技术：采用化学或生物化学的方法加工使茶叶形成具有某种功能性的产品。从茶原料中分离和纯化出茶叶中的某些特效成分加以利用，或者改变茶叶的本质制成系列产品，如茶色素系列、维生素系列、抗腐剂等。

茶叶的综合技术加工：是指综合利用上述几种技术制成的含茶制品。目前的技术手段主要有茶叶药物加工、茶叶食品加工、茶叶发酵工程等。

09 再加工茶及其衍生产品有哪些

再加工茶有茶膏、茶粉、茶珍、萃取茶、速溶茶、浓缩茶、袋泡茶、茶饮料等。茶饮料是各类茶汤茶叶加工成的饮料，如康师傅绿茶、红茶。

10 什么是非茶之茶

虽名字叫茶，但实际不是从茶树上采下的嫩芽叶加工的饮料，都归为非茶之茶，如苦丁茶、菊花茶、果茶、酥油茶、银杏叶茶、桑叶茶、荷叶茶、诺丽茶、牛蒡茶、马黛茶、菟丝子茶等。

图 3-22　非茶之茶

第4章 清香陈韵哪里来

茶树从幼苗到百年千年古老茶树，茶叶从树上到茶杯里，新出锅的茶又香、又干、又松、颜色鲜亮。茶的包装、贮存、运输、销售、品鉴都需要精心爱理，让我们与茶一起成长，与茶一起慢慢变老。

茶的贮存

贮藏是茶叶加工工艺流程的最后一道工序。所有的茶类都要经过这个阶段。刚完成干燥的茶含水量在 4% ~ 6%（国家标准），有三大特性：吸湿、吸味、易氧化。若裸露放置，则会吸收空气中的水分、异味。晒干的茶有花香味，再晒或吸收了水分就会氧化变色，有太阳味；若是饼、砖、果球沱等紧压茶，表面会出现黄癍。所以贮茶原则和要点需要围绕“防潮湿、防异味、防氧化”来展开。

01 如何规模化贮茶

水分、温度、氧、光等因子均会影响到茶质变化，因此茶叶的储存对环境要求很高。大量的茶叶储存应建造专门的仓库来贮放。仓库的“防潮、防味、防氧化”原则应遵循。茶叶仓库要防潮避光、隔热、防污染、库房周围无异味，地势高燥，排水方便，通风散热方便，又可密闭遮光，室内温可挖，不混装其他杂物。

02 家中如何贮茶

说到家常贮藏茶，家中、茶室、办公室都不适宜贮藏量大的或简易包装的茶。家里少量常喝的茶都应放在土罐、铁罐、瓷罐里，盖好、封严；少量高档茶则应密封后放在阴凉、通风、无异味处或冰箱中冷藏。家常贮藏茶叶只需尽量防氧化、防晒、除湿很容易做到，而要在自然环境中

图 4-1　高黎贡茶仓

保持无异味或消除异味则很难做到。要藏茶只有靠密封、密闭、隔绝。藏茶如同金屋藏娇，好是好，就是贵了点。但是白茶、普洱生茶等这些需要进一步转化的茶，完全的密闭也不好。不过都得在“三防”的自然环境下存放。

03 绿茶如何家贮

绿茶保鲜期通常不超过一年，最佳品饮期是 3 个月以内。绿茶的家贮，就是通过改变环境温度，降低茶叶内含化学成分的氧化反应速度，最终达到保持滋味鲜爽、维持香气活性进而延长最佳品饮期的目的。在家庭客厅、茶室、书房、贮藏室里贮放绿茶，含水量宜控制在 3% ~ 5%，适宜湿度为 60%，若超过 70% 会因吸潮而发生霉斑，进而酸化变质。最佳保存温度为 0℃ ~ 5℃。

图 4-2　冲泡的绿茶

家庭贮存绿茶可以采用瓦罐贮、塑料袋、热水瓶、冰箱存放。

04 白茶如何家贮

在适宜条件下贮藏白茶，可以减少苦涩味，退去寒性，提升品质。白茶按嫩度分成三个品种：白毫银针、白牡丹、寿眉。白毫银针喝的是鲜，白牡丹喝的是甜，寿眉喝的是醇。白茶一定要经过“六月天”的洗礼，才叫成年。白茶的第一个品饮期是在经过“六

图 4-3　白茶

月天”的一、二年内。白毫银针有独特的毫香，白牡丹有独特的甘甜。白茶的第二个品饮期是三至五年的寿眉。三年之后寿眉青味退去，茶性由寒凉转温热，香甜醇滑渐显。白茶的第三个品饮期是七至十年的寿眉，也是白茶的最佳品饮期。茶进入了稳定而缓慢的转化期，茶性温和，滋味醇厚甘甜，香气纯正，饱满丰润，老少皆宜，四季皆宜。

居家贮放白茶，茶含水率不可超过 5%，温度在 4 ~ 25℃，无须冷藏，但须防晒和保持干燥。家贮白茶最好年年拿出来品饮一次，看看茶的转化情况判断茶叶存放是否得当，好及时做出调整。居家贮存白茶的容器主要有铝袋、塑料袋、纸箱、瓷罐、紫砂陶罐以及上釉或不上釉的陶罐。

05 黄茶如何家贮

黄茶的保鲜期通常是两年，即采制半年后的 12 个月内，采制半年后，茶性渐渐温和，散发一种独特的清香，这时就是黄茶的较佳品饮期。在贮放中茶含水率控制在 7% 以内，适合湿度在 60% 以内，最佳保存温度在 5℃左右。居家保存容器主要有冰箱、瓦坛、塑料袋。

06 乌龙茶（青茶）如何家贮

贮存良好的青茶可以喝到花香、蜜香、岩韵。清香型铁观音、台湾冻顶乌龙的较佳品饮期为 6 个月；武夷岩茶需要有半年的退火期，它的较佳品饮期在制成半年后的一年到二年内；福建水仙、广东凤凰单枞喝的是天然花香蜜香，较佳品饮期为一年。

清香型铁观音一般需冷藏贮存，大部分乌龙茶可在常温密封状态下贮放。在贮放中含水率控制在 7% 以内，相对湿度在 60% 以内，最佳保存温度在 0℃ ~ 25℃。家庭保存容器主要有锡罐、铁罐、瓷罐、铝塑复合袋。

07 红茶如何家贮

贮存良好的红茶可以喝到糖香果味。红茶的较佳品饮期为 1 年，这一年中口感最佳。红茶可存放两年以上，但年久会失去香味和色泽。红茶在贮放中含水率要控制在 6% 以内，相对湿度在 55% 以内，最佳保存温度在 0℃ ~ 25℃。居家贮存方式有袋贮和罐贮。

08 黑茶如何家贮

普洱生茶的较佳品饮期需要不断摸索和判断：有三个月、一年、七年等，待到原本的花香转化为果蜜香时可以多喝。普洱熟茶、黑茶在贮放中含水率控制在 6% 以内，相对湿度在 50% ~ 70%，最佳保存温度在 15℃ ~ 30℃。存放在一个相对密闭无异味的小空间里，茶与贮放空间的比例为 2 ： 8 或 3 ： 7，自然温湿度下贮放最好。家庭贮存用原包装最好（竹或绵纸）。

图 4-4　饼茶和砖茶（朱昱璇　供图）

09 花茶如何家贮

贮存良好的花茶口感清甜，花香茶香分层，气味清幽。以茉莉花茶为例，较佳品饮期为 6 至 7 个月。花茶在贮放中含水率控制在 6% 以内，适合相对湿度在 60% 以内，最佳保存温度为 0℃ ~ 25℃。家中贮放花茶，用密封包装最佳，密封罐是花茶最好的贮存器皿。密封性好。持续低温会贮藏的时间更长一些。需要注意不同的花茶不能放在同一罐里，避免窜味。

茶马古道

从古代丝绸之路、茶船古道、茶马古道，到今天丝绸之路经济带、21 世纪海上丝绸之路，多样化的茶贸易渠道成就了茶穿越历史、跨越国界的壮举，成为传播中华文化的重要载体。

01 什么是茶马古道

茶马古道是指存在于中国西南地区，以马帮为主要交通工具的民间国际商贸通道，是中国西南民族经济文化交流的走廊。茶马古道主要有3条线路：青藏线（唐蕃古道）、滇藏线和川藏线。2013年3月5日，茶马古道被国务院列为第7批全国重点文物保护单位。

图4-5 茶马古道

今天的普洱茶已不能再现过去茶马古道上经年累月贮运的时空环境。丽江古城的拉市海附近、大理州剑川县的沙溪古镇、祥云县的云南驿、普洱市的那柯里、盐津的豆沙关都有保存较完好的茶马古道遗址。去那走走，感受一下茶马古道上的沧桑历史。

02 什么是滇藏茶马古道

滇藏茶马古道大约形成于公元6世纪后期，它南起云南茶叶主产区西双版纳易武、普洱，中间经过今天的大理白族自治州和丽江市、香格里拉进入西藏，直达拉萨，还有从西藏进入印度、尼泊尔，是古代中国与南亚地区一条重要的贸易通道。

03 为什么说贮运造就了普洱茶

刚完成干燥的茶的共同特点是“吸湿、吸味、易氧化”，这是千百年来先辈在茶的包装、贮运过程中不断总结出来的。以古云南普洱茶为例，穿上新竹笋壳外衣，从原产地走出云南，走向世界，成就了条条茶马古道，更在茶马古道上成就了自己卓绝不凡的品质，它是澜沧江流域茶文明最亮丽的点。

茶的选购

选购茶是件开心的事。选购自己喝的茶首先要依习惯、爱好、需要，然后才是品牌和价位。购买时要多去大的茶叶批发市场逛一逛，先品尝，最好是多尝几家和多尝几次。

选购礼品茶首先看的是包装和价位，为保证质量，可以到正规商家、品牌企业进行选购。礼品茶包装上应标有商标、厂家、地址、电话、出厂日期、保质期、SC 认证。不同的产地的产品还会有无公害认证、绿色食品茶认证、有机茶认证等。

01 国内著名的茶叶批发市场有哪些

北京马连道茶叶批发市场、北京马连道京闽茶批发市场已发展成为集茶叶、茶具、茶文化制品为一体的大型综合性茶叶批发市场。除此之外，国内著名的茶叶批发市场有北京紫玉阁茶叶批发市场、广东芳村茶叶批发市场、广东深圳市的东方国际茶叶批发市场、上海大统路茶叶批发市场、天津光明茶叶批发市场、重庆渝北区南桥寺茶叶批发市场、福建泉州安溪茶叶批发市场、福建福州五里亭茶叶批发市场、浙江杭州天目茶叶批发市场、浙江杭州西湖茶叶市场、浙江浙东茗茶批发市场、安徽合肥市天路茶叶批发市场、安徽芜湖峨桥茶叶批发市场、安徽黄山茶城、湖南星沙茶业大市场、广西西南茶叶批发市场、云南省茶叶批发市场、山东省济南市茶叶批发市场、河北省石家庄金正茶叶市场、河南省郑州市茶叶批发市场等。福建的茶叶市场很多，安溪、厦门、石狮都有。四川、河南、陕西、贵州新疆、宁夏、内蒙古都有不同规模的茶叶批发市场。

02 茶的保质期有多长

刚做好时的茶很干、很香，适合于教学、科研、生产上嗅茶香、品尝茶汤、看叶底，不宜日常饮用。宜在密封、干燥的条件下放置 7 ~ 15 天再喝。至于成品茶贮放多长时间仍可以保持其特有的色、香、味、形，甚至能提升茶叶品质，这就需要考虑保质期。

我们通常把刚做好的茶放上 7 ~ 15 天就可以品饮了。茶叶存放一段时间后进入了它的一个比较佳的或者最佳的品饮时期，这个时期的茶香气、茶味、茶韵、茶气都进入了一个比较理想的状态。可以品饮的最长时间是保质期。各种茶类的保质期是不一样的，比如炒青、烘青、白茶、黄茶、部分清香型乌龙茶、铁观音、红茶，常见的保质期有 6 个月、12 个月、18 个月、24 个月。以 18 个月较适中。以普洱茶为代表的黑茶、岩茶就可以贮存较长时间，品质还会有所提高。这些茶在外包装上会注明：在良好的条件下适合长期贮存。

03 如何寻香觅好茶

各类成品茶叶都有典型的香气类型，如花香型（还可细分为清香型、甜香型、浓香型），是大叶种晒青茶、铁观音茶等典型香气类型，似花香，但不具体是哪种花香；毫香型，是云南大叶种晒青毛茶典型香型，特别呈现出挂杯香；嫩香型，是中小叶种绿茶，特别是早春茶的典型香型；还有糖香、果香、陈香、松烟香等等。这些典型的香型都会在干茶或冲泡时显露出来，嗅得到纯正的香气。

04 如何观色说茶汤

一般来说白茶类茶汤色呈晶亮至杏黄明亮；红茶类茶汤色红艳明亮；

图 4-6 茶汤汤色

观音、乌龙茶类茶汤色金黄明亮；绿茶、黄茶类茶汤色黄绿明亮；普洱茶、黑茶类茶汤色呈琥珀色、褐红黄明亮。可见，好汤色在于一个“亮”字。

05 茶有哪些滋味和口感

各类成品茶叶冲泡后可以小口品尝出它们不同的滋味，如浓烈、浓强、浓醇、醇爽、醇甜、醇和、鲜爽、平和；口感类型会因各人的感觉和表达而存在差异，如回甘、滑润、糯、顺、活等等。

茶的香气、汤色、滋味、口感都与茶树品种、生长环境、鲜叶老嫩、制作工艺、贮藏条件密切相关。

06 什么是“老茶”

陈放时间在 3 年以上的普洱茶、黑茶、白茶、部分岩茶等，被称为“老茶”或“陈茶”。现在一些红茶、绿茶、花茶也加入进来。笔者曾喝过贮存 20 年以上，保存非常好的红茶、绿茶、花茶，它们也有陈香浓郁、口味醇和的绝妙品质。这些“老茶们”好不好喝，能不能喝？一是要看这个茶原来做得好不好，是不是适合贮存；二是要看贮存陈放的条件好不好。宜贮存的茶类如普洱茶、黑茶、白茶、部分岩茶等陈放的时间越长越好喝，就是越陈越香。一些原本只宜喝新鲜不宜长期贮藏的茶，如红茶、绿茶、花茶，若品质好，贮藏得当，出来的茶品质、香气、滋味也上乘。

图 4–7　老茶茶汤

07 什么是老茶头

普洱熟茶的发酵过程中，一些嫩度高、体型小、条索紧结的茶条，容易结成团块，发酵翻堆时解块不充分，团块就积得更多、更大，干燥后筛分出来，就称为老茶头。于是老茶头因好喝受到追捧，从一个边角料变身为茶中上品。老茶头的品饮：泡饮，高温闷泡，口感顺滑饱满，陈香中带着糯香；煮饮，高温煮老茶头较为适宜，口感黏稠。

图 4-8 老茶头

图 4-9 老茶头茶汤

08 什么是碎银子茶

碎银子，是一款普洱熟茶的俗称，又名“茶化石”。它是由老茶头茶经过切割、抛光后制成的，有原味、糯米香味等老茶味。碎银子茶是小颗粒的老茶头茶。

09 喝茶、品茶、鉴赏茶有什么区别

喝茶，是把茶当饮料，为了解渴；品茶，享受茶的色、香、味、形，讲究泡茶用水用具，注重品饮环境；鉴赏茶，世间好茶千万种，都想把它都尝一尝。

图 4-10 品茶

茶的品鉴

在教科书上，茶的定义是从茶树上采下的嫩芽叶经加工而成的饮料，而茶树是山茶目—山茶科—山茶属的茶组植物。采摘非茶树的叶子单独加工或混在茶树的叶子里一起加工成的茶就是假茶。已有酸、馊、霉、臭以及其他异味的茶为废茶。

01 什么是茶叶审评与检验

茶叶的审评与检验工作分成审评与检验两部分，审评又分成感官审评、理化审评、法律审评三部分。其中理化审评又分物理审评和化学审评。

感官审评：审评人员用感官通过对样茶进行干评、湿评，对样茶色、香、味、形分别评价，依标准样再对样茶做综合评价。

物理审评：用物理方法对样茶进行检测，如称、量、数。

化学审评：对茶样分别测定茶多酚、咖啡碱、茶氨酸的含量。这三种物质是茶叶的主要内含物质，所以茶样中检出三种当中的任一种含量高，都能说明样品就是山茶目—山茶科—山茶属—茶种，茶变种。

法律审评：对茶样分别测定主要内含物质以确定茶的真假，这种测定省、地两级的科研院所、质量监督局都可以做。但如果需要这种测定结果作为有法律效力的文件，就只能到指定的机构（如设在杭州的中国茶科所）去做测定，出具的报告才具有法律效力。

02 如何鉴别假茶

取样冲泡，泡浓一些，加盖闷5分钟，倒出茶汤，闻叶底香气，看茶汤颜色，尝茶汤滋味。这需要对正常茶的汤色、香气、滋味比较熟悉，才能分辨出不正常的汤色、香气、滋味。从叶底中随机取出几片完整叶片将其展开，观察是否具有茶树叶片的几个基本特征，展开观察的叶子越多越好。在专业上，这包含了感官审评和物理审评（用称、量、数的方法评茶），如果再加上化学审评，“鉴别”就完善了。

03 什么是茶的品鉴

专业人士用品茗杯品茶，限定了冲泡时间、投茶量、冲泡次数等因素，专家们根据评茶的要求给每个茶品的每泡茶汤做出评价，进而做综合评价。这样的形式对茶品能做出更全面、中肯的评价。这应该是介于专业审评和品茶之间的评品结合的一种有益尝试。

图 4-11　冲泡（荣琴茶叶　供图）

04 什么是茶的收敛性

茶的收敛性是指茶汤入后，从苦涩到回甘再到消退的味觉消退过程。茶汤入后让茶汤在口舌间打转一会，然后徐徐咽下，舌头两侧略感苦涩，舌头有被收紧的感觉，这是好茶才有的滋味。

05 什么是挂杯香

当茶海（公道杯）内润茶（醒茶）的汤倒完或者将喝的茶汤分完后，再或者杯中的茶汤喝完后，嗅一下茶、杯中有无余香，这也叫嗅杯底。有几款云南大叶种晒青毛茶的挂杯香特别显著，如元江猪街茶。

06 何谓贮生茶，喝熟茶，品老茶

在贮藏的条件下生茶会慢慢转化，若要长期贮藏茶，应存生茶。每年存上少量优质生茶，一年喝一点，喝出它们的变化之感，这是一件很有意思的事。熟茶已经熟了，不宜长期贮藏。如果作为日常饮用的茶叶，可根据个人爱好选喝不同程度的熟茶进行存茶。若有缘遇见一二十年的老茶，则静下心来，邀约三五知音好友，于幽静清洁之处，以好水好好冲泡，细细品鉴，慢慢闲聊。

07 高山茶与平地茶有什么区别

由于生态环境不同，同一品种、相同园龄、相同树龄的茶叶，如果内含成分的组分不同，显现的品质特征也不尽相同。

高山茶新梢肥壮，色泽翠绿，茸毛多，节间长，鲜嫩度好，用它加工成的茶叶，条索肥硕厚重，色绿有光泽，紧结，白毫显露，具有特殊的花香，汤色绿明亮，香气高远持久，滋味浓，耐冲泡，叶底明亮柔软。

平地茶的新梢短小，叶底硬薄，叶张平展，叶色黄绿少光，用它加工成的茶叶，香气稍低，滋味较淡，条索细瘦，身骨较轻。品质因子中，差异最显著的就是香气和滋味两项。说某茶具有高山茶的特征，就是指该茶叶具有高香、浓滋味。

08 新鲜绿茶与陈旧绿茶有什么不同

新茶外形色泽鲜绿，有光泽，汤色碧绿，花香浓厚持久，还含有清香、兰花香、熟板栗香、豆香，滋味甘醇鲜爽，叶底鲜绿明亮。

陈茶则色黄晦暗，无光泽，香气低沉。如对茶叶口吹热气，湿润的地方叶色黄且甘涩，闻有冷感，汤色深黄，滋味醇厚，叶底陈黄欠明亮。

09 春茶、夏茶、秋茶有什么不同

按季节分类，茶叶分为春茶、夏茶、秋茶。一般来说春茶的品质最好，秋茶次之，夏茶更次。其实春茶嫩香，秋茶醇厚，各有千秋，人们各有所爱。

春茶芽叶硕壮饱满，色墨绿有光泽，条索紧结，厚重，味浓、甘醇爽口，香气浓郁，叶底柔软明亮。

夏茶条索较粗松，色杂，叶芽木质分明，茶汤味涩，叶底质硬，叶脉显露，夹杂铜绿色叶子。

秋茶条索较细紧，丝筋多、轻薄，色绿，汤色淡，汤味平和、微甜，香气淡，叶底质柔软，多铜色单片。

第5章
“名门望族”有哪些

世界上有30亿人饮茶，茫茫人海、茫茫茶海。心仪的人可能擦肩而过，你爱的一款茶，却总在身边。

茶是从中国传出去的，没有哪个民族不接受茶。茶是民族的，也是世界的。

民族的才是世界的

茶是从中国传出去的，成为世界人们喜欢的饮品，茶是民族的，也是世界的。

01 最好的绿茶有哪些

西湖龙井、洞庭碧螺春、黄山毛峰、太平猴魁、六安瓜片、顾渚紫笋、信阳毛尖、庐山云雾、蒙顶云雾、都匀毛尖、老竹大方、竹叶青等。

图 5-1　十八棵御茶

图 5-2　都匀毛尖

图 5-3　信阳毛尖

02 如何品鉴绿茶

冲泡出来的绿茶，看上去青汤绿叶；用鼻子嗅，有一股炒板栗、炒豆、煮嫩玉米的香气，香气高远、持久；喝上一口，滋味鲜爽，回味悠长；叶底嫩匀、翠绿，让茶显得卓尔不群、清丽脱俗。

03 什么是“中华第一茶”

杭州西湖龙井被誉为中华第一茶。西湖边的龙坞、狮峰、梅坞、虎跑、云栖等村所产的龙井茶较佳，其中以狮峰的最好。龙井茶的干茶颜色绿润，体形呈片状，冲泡后散发出鲜橄榄的清香，滋味特别鲜爽，泡在玻璃杯中青

图 5-4　老龙井茶

汤绿叶非常好看。历来西湖美景常成为康熙、乾隆下江南微服私访的背景画，龙井茶也被皇帝赞赏，年年作为贡品进贡。现在的龙井茶是传统茶文化与现代科学栽培管理结合的典范。

04 碧螺春有什么传说

江苏太湖东山一个岛上长满了荔枝、橘子、杨梅等果树，树丛中间栽种茶树。用清明前采的嫩芽叶做出呈螺丝状的茶，冲泡时有股天然花果香，香气高远持久，当地人把这种茶叫“吓煞人香”。据说康熙帝游历到此时喝了这种茶后大加赞赏，听说叫“吓煞人香”，不禁皱眉道：“太俗。茶形如螺，色碧，正应叫碧螺春，日后须年年进贡此茶。”碧螺春茶是名茶中的名茶，以香高、形美、滋味鲜纯为主。现在原产地的碧螺春茶一、二级每千克约有芽头 13 万 ~ 14 万个，用同等级别的云南大叶种做出的茶每千克约有芽头 4 万 ~ 5 万个。相比之下足见碧螺春之细嫩。

05 太平猴魁有什么独特之处

100 多年前，安徽黄山区新明乡三合村猴坑，有个古老原生的茶树品种，叫“柿大茶”，这个品种的特点是新梢节间（芽与叶、叶与叶之间的茎）特别长，而且很嫩，采摘的鲜叶多是一芽二叶，俗称“两刀一枪”，做茶时杀青后不揉捻而是按扁，然后烘干。干茶外形为两叶抱一芽，平扁挺直，魁伟重实。俗语：“猴魁两头尖，不散不翘不卷边。”色泽苍绿匀润，白毫隐伏，叶脉绿中隐红，俗称红丝线。入杯冲泡，叶片缓缓展开，汤色清绿明净，兰香高爽，香气持久、滋味甘醇，有独特的“猴韵”，品饮时能领略到“头泡香高，二泡味浓，三泡四泡幽香犹存”的意境。

06 何谓“茶舞莲花雾”

茶舞，就是冲泡茶时嫩芽叶随水花翻飞，随后徐徐下降，参差错落至杯底后直立如剑峰问天，与渐渐明亮的汤色交相辉映，给人极大的视觉享受。

黄山毛峰特有的茶舞：冲泡时，会升腾起一柱水雾，水雾升至 0.4 米多高后弥散开来渐成一朵莲花状，又渐渐收拢成一团，片刻徐徐上升散去，一眼望去宛如观音坐于一枝莲花上渐行渐远。

07 有哪些用生肖命名的茶

十二生肖作为中国悠久的民俗文化符号，早已融入我们生活当中。当生肖文化与茶文化结合，赋予茶新的生命力和文化韵味。

清嘉庆年间（1796 年），江西遂川汤湖镇的狗牯脑山出产茶叶珍品“狗牯脑茶”。与其他茶叶迥然不同，狗牯脑茶叶细嫩均匀，碧色中微露黛绿，表面覆盖一层细柔软嫩的白毫，茶汤清澄而略带金黄，香气清高，滋味甜香，清凉芳醇，口中甘味经久不去，沁人肺腑。

图 5-5 猪街茶

图 5-6 大关猫耳朵茶树

龙有杭州龙井、南京龙毫、台湾高山乌龙、云南梁河回龙茶，虎有云南大理罗伯克绿茶（彝族话“老虎多多”的音译）、普洱茶区倚邦特有猫耳朵茶，猴有安徽太平县猴魁，牛有湖南石门县牛觝茶，鸡有福建武夷山白鸡冠茶、云南南涧凤凰沱茶，马有云南马帮贡茶，猪有云南元江猪街茶，兔有云南南华兔街茶……生肖茶名还属滇茶最多。

08 何谓“三绿一红”

何谓“三绿一红”？都匀毛尖、湄潭翠芽、绿宝石、遵义红；何谓都匀毛尖的“三绿透三黄”？干茶色泽绿中带黄，茶汤绿中透黄，叶底黄绿明亮。

09 为什么高档茶要用玻璃杯冲泡

图 5-7　玻璃杯泡茶

高档茶都是用芽头或一芽一叶、一芽二叶制作而成的，体形、色泽都好看，冲泡时可以欣赏到汤色、叶色、茶舞。如蒙顶黄芽、白毫银针、白牡丹、太平猴魁等名茶，都是冲泡后汤色好、叶色好，芽叶还会在水中翻飞，然后徐徐下落，直立在杯底，这种美妙的瞬间只有用玻璃杯冲泡才能欣赏到。

10 最好的黄茶有哪些

四川蒙顶黄芽、蒙顶石花、湖南君山银针，温州黄汤、莫干黄芽、北港毛尖、鹿苑毛尖、霍山黄芽、皖西黄大茶、广东大叶青、贵州海马宫茶等，这些黄茶都是传统名茶，多为贡品。

图 5-8　黄大茶

11 怎样品鉴黄茶

好的黄茶干茶，色泽偏黄或绿中带黄，以金黄色鲜润为优；体形细紧、匀直；冲泡后汤色黄亮，叶底嫩黄，散发出阵阵炒豆、炒花生的香气，滋味醇和鲜爽，无苦涩味或青草气。

12 君山银针有何绝妙之处

图 5-9　蒙顶黄芽

君山银针是最好的黄茶品牌，只有湖南君山一处生产。用精心采摘的芽头制作，除了具有黄汤黄叶、熟香的特征外，在冲泡时可以观其“茶舞”。君山银针的绝妙处在于冲泡时嫩芽如浪花翻滚，又徐徐落到杯底站立，错落有致，片刻后会自动上升，再徐徐落下，极致的会再上升，再落下，真乃“茶舞”中一绝。

13 海马宫茶产自哪里

海马宫茶属黄茶类名茶，产于贵州省大方县的老鹰岩脚下的海马宫乡，创制于乾隆年间。海马宫茶采自当地中、小群体品种鲜叶，具有茸毛多、持嫩性强的特性。谷雨前后开采，采摘标准：一级茶为一芽一叶初展，二级茶为一芽二叶，三级茶为一芽三叶。成品茶具有条索紧结卷曲，茸毛显露，香高味醇，回味甘甜，汤色黄绿明亮，叶底嫩黄匀整明亮的特点。

14 最好的黑茶有哪些

黑茶中，云南普洱熟茶、广西六堡黑茶、湖南安化黑茶最为有名，曾经都是贡品。此外，产于四川、湖北等地的茯砖茶、黑砖茶、花砖茶、康砖茶、青砖茶、金尖茶等都是历来的名茶，也多为贡品。

图 5-10 康砖茶

15 如何品鉴黑茶

好的黑茶如康砖色泽黑而有光泽，冲泡后汤色深橙黄带红，香气纯正，带有松烟香、陈香，滋味醇和、厚重，口感滑稠，回甘好。

16 广西六堡黑茶

六堡黑茶是广西梧州市特产，属黑茶类，选用苍梧县群体种、广西大中叶种及其分离、

图 5-11 广西六堡茶

选育的品种、品系茶树的鲜叶为原料，按特定的工艺进行加工。它具有独特品质特征：滋味甘醇可口，香气陈厚，带松木烟香，汤色红浓澄明。2011 年 3 月 16 日，原国家质检总局批准对六堡茶实施地理标志产品保护。

17 湖南安化黑茶

安化黑茶属于湖南省益阳市安化县特产，中国国家地理标志产品。安化黑茶是中国黑茶的始祖，安化被称为“中国黑茶之乡”，主产茯砖、黑砖、花砖、青砖、湘尖等。在古代，一部分内销山西、陕西、甘肃、绥远、宁夏、新疆、西藏、内蒙古等地，一部分被加工压制成砖形，外销欧美，特称“砖茶”。安化黑茶，香气浓郁纯正、长久，茶香中杂有药香、果香、草木香，曾有“运出资江一船茶，香遍洞庭湖”的美名。

图 5-12　茯茶

18 最好的白茶有哪些

白茶的主产地在福建省，以政和、福鼎的白毫银针、白牡丹、贡眉、寿眉最好。这些地方传统名茶品质优良，但数量较少。云南用景谷大白茶鲜叶做的月光白白茶系列也很不错。

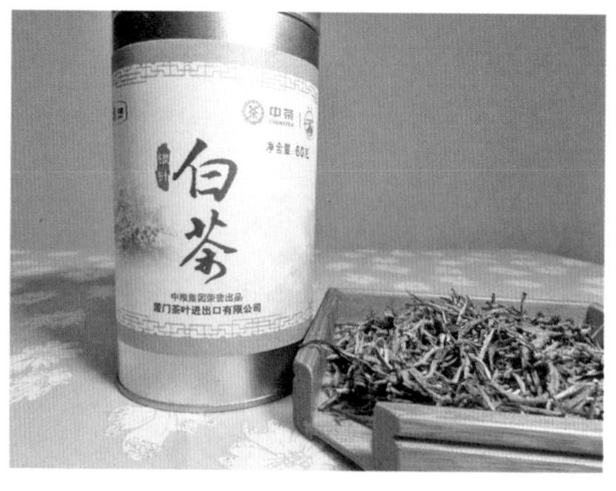

图 5-13　白茶

19 如何品鉴白茶

白茶不经过杀青、揉捻工序，仅在摊晾（萎凋）后经过晒干或烘干加工而成。上好的白茶采摘标准很严格，精心采摘芽头或一芽一叶，晒干后又精心分拣。干茶白毫披满，条索匀齐，毫香清鲜，冲泡后汤色黄绿清澈，轻嗅有天然青香以及鲜米汤、杏、橘皮的芳香，品饮时有淡淡的鲜爽。

图5-14 白茶赏析

20 白牡丹茶

白牡丹是福建省历史名茶，主产于中国福建省的南平市政和县、松溪县、建阳区和宁德市福鼎市。白牡丹是采自大白茶树或水仙种的短水芽叶、新梢的一芽二叶制成的，是白茶的上乘佳品。白牡丹外形毫心肥壮，叶张肥嫩，叶色灰绿，夹以银白毫心，呈“抱心形”，叶背遍布洁白茸毛；冲泡后绿叶托着嫩芽，宛如蓓蕾初放，毫香鲜嫩持久；滋味清醇微甜；汤色杏黄明亮或橙黄清澈明亮；叶底嫩匀完整，叶脉微红，布于绿叶之中。

21 景谷大白是什么茶

在云南省景谷县秧塔有一片大茶树，茶树的嫩芽、嫩叶背面披满了茸毛，较一般大叶种茶树芽叶上茸毛多，当地叫景谷大白茶，习惯加工成晒青毛茶或普洱生茶，此茶从外形到内质都非常好。近年多有试制成各级别白茶，其品质一点也不逊色于白毫银针。

22 最好的青茶有哪些

青茶是中国独具鲜明特色的茶叶品类，是用制茶工艺结合颜色的分类方法，把广东、福建、台湾一带用类似传统加工工艺制作的茶统一称呼，利于教学、科研、生产统计用。最著名的如铁观音、大红袍、肉桂、东方美人、水仙、凤凰单枞、冻顶乌龙、文山包种，这些都是历史上有名的青茶，且多为贡品茶。

图 5-15 大红袍

23 最好的铁观音茶在哪里

广东、福建、台湾、海南所产铁观音品质优良，但因地域分布、茶树品种、加工工艺等方面的不同，品味存在差异，并且各有特色。福建安溪县的铁观音已申请到国家地理标志产品保护。

图 5-16 铁观音、乌龙茶

24 如何品鉴“观音韵”

茶韵是品饮茶汤时获得的一种特殊感受，因茶品不同，所获得的感受不同。在中国众多的茶类中比较有名称得上茶韵有：安溪铁观音的“观音韵”、太平猴魁的“猴韵”、武夷岩茶的“岩韵”和陈年普洱茶的“陈韵”，这四种被称为“茶中四韵”。

好的铁观音干茶颗粒饱满，绿黄油润，蜻蜓头。铁观音茶分成清香型、浓香型两种。冲泡后汤色金黄明亮，不断散发出浓郁的花香，但不能确定是何种花香，喝上一口，滋味鲜爽，这就是特有的“观音韵”。观音韵激起你想探究这是什么花香的冲动，于是再啜几小口，仔细观看叶底、叶片，竟是绿叶红镶边，或是绿叶红斑。

25 如何品鉴“乌龙韵”

同铁观音一样，广东、福建、台湾、海南都产乌龙茶，台湾的乌龙茶很有特色。乌龙茶花香清幽如兰，让你总是边喝边在寻味这是什么兰花香。现在乌龙茶几乎没有红边，更像是一杯绿茶，你只有通过嗅香气、尝滋味、品其乌龙韵才能确认这是什么茶类，喝得多了还能辨别出这是哪里产的乌龙茶。

26 如何品鉴“岩韵”

同铁观音、乌龙茶一样，广东、福建、台湾、海南都产岩茶类茶。岩茶的品种很多，以武夷山所产大红袍最有名。岩茶类的叶底不仅是红边，而且是红斑显著；汤色褐黄到褐红明亮，花香沧桑遒劲，一边嗅香，一边喝上一小口，你顿时会感到一种来自巨大无比的岩石的压力，才真正地体会到其中的“岩韵”。

27 东方美人茶有什么传奇之处

早先用一种叫“青心大有”的茶树品种的鲜叶制的乌龙茶品质极好，不幸这种茶树被一种叫小绿叶蝉的茶园害虫侵害，嫩芽叶被虫吃得斑斑点点。先前茶农们喷洒农药防治害虫或遭虫害侵害后放弃采摘。后来有人尝试采摘这种被虫吃过的芽叶（未喷过农药）加工成乌龙茶，做出的茶香气、滋味竟然如以往，且滋味特别鲜爽，乌龙韵味更足，叶片呈现美丽的绿叶红点。这种茶满足了人们对不施农药化肥、天然生态的追求，后来人们给它取了一个动听的名字，叫东方美人茶，别名又叫白毫乌龙、香槟乌龙、椪风乌龙。

28 台湾高山乌龙

说起台湾茶，人们自然而然地就想到高山乌龙。台湾宝岛遍地好茶，其中有少量的红茶、绿茶，其他大部分是乌龙茶。台湾人带着优质的乌龙茶品种来到彩云之南，不到 20 年，就有了保山腾冲的极边乌龙、大理南涧樱花谷樱花乌龙，还保持着原汁原味的高山乌龙韵，具有滋味甘醇、香气淡雅特点。

图 5-17　阿里山茶

29 永春佛手茶

永春佛手茶，又名香橼种、雪梨，因其形似佛手、名贵胜金，又称“金佛手”。永春佛手茶是乌龙茶中的名贵品种之一，香气高锐，具有独特的果香味，产于福建省永春县。研究表明，永春佛手茶对结肠炎具有显著的治疗作用，常饮佛手茶，可减肥，止渴消食，除痰，利尿，明目益思，除火去腻。

图 5-18　永春佛手茶

30 大红袍茶有怎样的传说

明洪武十八年（1385 年），有一穷秀才叫丁显上京赶考，路过武夷山时，病倒在路上，幸好被天心庙的老方丈看见，老方丈泡了一碗茶给他喝，喝后不久病就好了。后来这名秀才金榜题名，中了状元，还被招为东床驸马。第二年的一个春日，状元来到武夷山谢恩。在老方丈的陪同下，到了九龙窠，见峭壁上长着三棵高大的茶树，吐着一簇簇嫩芽，在阳光下闪着紫红色的光泽，很是可爱。老方丈说：“去年你犯臌胀病，我就是用这种茶叶泡水给你喝了之后治好的。”皇上将一件大红袍交给状元，让他代表自己去武夷山封赏。状元命一樵夫爬上半山腰，将大红袍披在茶树上，以示皇恩。后来，众人就把这三株茶树叫作“大红袍”。有人还在石壁上刻了“大红袍”三个大字。从此大红袍茶就成了年年岁岁的贡茶。

“大红袍茶”茶树现经武夷山市茶叶研究所试验，采取无性繁殖的技术已获成功，经繁育种植，大红袍已能批量生产。大红袍茶外形条索紧结，色泽绿褐鲜润，冲泡后汤色橙黄明亮，花香浓郁，滋味醇厚，岩韵十足，回味甘爽。

31 世界上最好的红茶在哪里

世界上最好的红茶产于中国、印度、斯里兰卡、肯尼亚。云南滇红工夫茶、安徽祁门工夫茶、福建正山小种红茶、坦洋工夫茶、浙江宁红茶等是中国最好的红茶，中国红茶与印度红茶、斯里兰卡红茶、肯尼亚红茶均属世界上最好的红茶。

图 5-19 凤庆红茶
（朱昱璇 供图）

32 国际上怎么称呼中国红茶

清末民国初我国出口的红茶，大多从厦门口岸运出，主要销往到英法等欧洲国家，外国人觉得这种中国茶干茶的颜色是黑色的，所以把这种茶叫作“BLACK TEA”，即黑色的茶。直到现在国际上对中国红茶仍沿用这个称谓。

33 如何欣赏红茶

最好的中国红茶也是最好的世界红茶。红茶具有汤色红艳明亮，糖香果味持久，滋味回甜，浓、强、鲜、醇等品质特征。红茶温暖、热情洋溢，极富感召力，高贵至英国伊丽莎白女王喝下午茶，平凡到农夫喝茶解渴。人们常兑上鲜奶佐餐、加上姜汁御寒。

图 5-20　坦洋工夫茶

34 正山小种红茶

正山小种红茶首创于福建省崇安县（1989 崇安撤县设市，更名为武夷山市）桐木地区，是世界上最早的红茶，亦称“红茶鼻祖”，至今已经有 400 多年的历史，由福建武夷山深处的茶农于明朝中后期在“机缘之下”创制而成。后来在正山小种的基础上发展出了工夫红茶。历史上该茶以星村为集散地，故又称星村小种。茶叶是用松针或松柴熏制干燥而成的，干茶呈灰黑色，有浓烈的松烟香味，茶汤为深琥珀色。当今正山小种红茶汤色红艳，似桂圆汤味，内质香高，气味芬芳浓烈，滋味醇厚，以醇馥的烟香和桂圆汤味、蜜枣味为其主要品质特点。正山小种红茶加入牛奶，形成糖浆状奶茶，茶香不减，甘甜爽口，别具风味；还非常适合与咖喱和肉的菜肴搭配。一位日本茶人曾说：这是一种让人爱憎分明的茶，只要你喝上一次你就会

图 5-21　正山小种红茶

喜欢上它，便永远不会放弃它。

35 祁门工夫红茶

祁门工夫红茶是中国传统工夫红茶中的珍品，产自安徽省南端的祁门县，创制于光绪初年，有百余年的历史，是中国传统出口商品。祁红茶先被传到英国，因为香味浓郁，且带有蜜糖和水果的味道，比较符合欧洲人追求饮品先愉悦嗅觉的喜好和对茶叶品质的要求，再加上它具有远东色彩，立刻成为贵族下午茶会上无可替代的饮品，后来慢慢发展成为与印度的大吉岭红茶、斯里兰卡的乌瓦红茶并称的世界三大高香茶。当今祁红工夫茶主产于安徽省祁门县。祁红工夫茶条索紧秀，锋苗好，色泽乌黑泛灰光，俗称“宝光”；内质香气浓郁高长，似蜜糖香或茎果的香气，又蕴藏兰花香，在国际市场被誉为“祁门香”；汤色红艳，滋味醇厚，回味隽永，叶底微软红亮。

36 最好的花茶

福建福州茉莉花茶，经典中的经典；江苏苏州茉莉花茶，《好一朵美丽的茉莉花》歌唱的就是它；四川成都茉莉花茶、现在的“碧潭飘雪”演绎了蜀中花茶的发展进程；广西横县茉莉花茶，全国各地的茶坯用一列列火车运送到这里来窨茉莉花，这里得有多少茉莉花啊！北京茉莉花茶，在曾经的皇家重地上，调用最好的茶、最好的花、最好的地方、最好的制茶师傅，窨制很多次而成。所以，上述花茶都是历来名茶，多为贡品。

图 5-22 茉莉花茶

37 如何品鉴花茶

中国花茶窨制的历史已有一千多年。茶坯吸收了鲜花香和鲜花的水分，经再次烘干固定花香。好花茶一定是花香和茶味相和谐统一的。传统制作的高档花茶不见花，纯用嗅觉、味觉寻觅花香茶味，极富含蓄、内敛的美；现在常常在制好的花茶上撒几瓣鲜花做点缀，或显出较多干鲜花，或精心把茶芽、鲜花蕊拢起系紧造型，这样冲泡时就如花绽放，花香茶香四溢，干茶、茶汤都平添了视觉享受。

38 金花茶为什么被称为“植物界大熊猫”

金花茶是山茶科、山茶属、金花茶组植物，是国家一级保护植物。1960年中国科学工作者首次在广西南宁一带发现金花茶。金花茶是一种古老的植物，极为罕见，分布区域极其狭窄，全世界90%的野生金花茶仅分布于中国广西防城港市十万大山的兰山支脉一带。云南地区的金花茶集中分布在红河州大围山国家级自然保护区内。蒙自五里冲茶厂有引种繁殖和栽培。

目前可知金花茶的花、叶含有400多种营养物质，无副作用。花可作茶饮，具有清热止渴、润肺止咳，降血糖、降血压、降血脂、降胆固醇的功能，对糖尿病及其并发症起协同平衡调节作用，有独特神奇的功效。金花茶的发现填补了茶科家族没有金黄色花朵的空白。其蜡质的绿叶晶莹光洁，花瓣呈透明状，坚挺亮滑，金瓣玉蕊，点缀于玉叶琼枝间，风姿绰约，美艳怡人，极有观赏价值。

图 5-23　金花茶

金花茶具有特殊的色泽遗传基因DNA，其繁衍很难被复制。采用高新技术解决快速繁殖金花茶多种优良种苗成活基因，攻克其成活甚低的疑难问题，突破金花茶生长慢产量低的关键技术，极有科研价值。

39 茶树新品种紫娟茶有何特别之处

1985 年，云南省茶叶科学研究所科技人员在该所 200 多亩栽有 60 多万株云南大叶种群体茶树的茶园里发现一株芽、叶、茎都为紫色的茶树，用其鲜叶加工而成的烘青绿茶，茶菁色泽为紫色，汤色亦为紫色，香气纯正，滋味浓厚，经培育取名为紫娟茶。该品种于 2005 年 11 月 28 日被国家林业局纳入植物新品种保护。

紫娟鲜叶的适制：试制过烘青绿茶、普洱生茶、红茶。其香气、味道各有特色，汤色明亮、通透，只是呈现出的墨紫色不太美观；红茶汤色还可以，但滋味不够鲜甜。

紫娟茶的功效；缓解花粉病和其他过敏症；增强动脉、静脉和毛细血管弹性；有降血压功效。可治疗日晒所导致的皮肤损伤；有助于预防多种与自由基有关的疾病，包括癌症、心脏病、过早衰老和关节炎。

图 5-24 紫娟茶

紫娟茶树的观赏价值：紫娟茶树属小乔木型，大叶类，中芽种，是珍稀园林观赏植物。树型、树体可塑性强，可完全根据需要将树冠塑造成理想的形状。作为园林构景植物，有一种万绿丛中紫带红的美感，从视觉上给人们增添了几分新意。常用的造景手法有孤植、列植、群植。

40 金边茶

笔者在一次博览会上看到金边茶，每一片叶子叶缘都带有金色的边，以为是假树，上前用手触摸了一下，还是活的。后经多方调研，产于云南临沧凤庆大山里的金边茶，取了几片叶，做蒸青样品，品质优良。

图 5-25 临沧金边茶

世界的都是民族的

全球有 60 多个国家种植茶叶，160 多个国家和地区有饮茶的习惯，饮茶人口近 30 亿。世界各国的种茶和饮茶习俗都是直接或间接从中国传播过去的。当今世界各国各民族的饮茶风俗，都因本民族的传统、地域民情和生活方式的不同而有所不同，唯客来敬茶是古今中外的共同礼俗。茶是从中国传播出去的，没有哪个民族不接受茶。

01 中国茶树是如何传到巴西的

中国茶树的籽或苗最早于 805 年传入日本。1763 年传入瑞典。1812 ~ 1819 年间，传入巴西，其间一批中国内地茶农也进入巴西。1824 年输入阿根廷。1848 年由英国东印度公司先后引入印度和锡兰。至于东非与南非各国直到 1850 年以后才陆续发展茶树种植。1858 年中国茶树苗才大量输往美国。

巴西曾一度为世界上主要产茶国之一，中国茶曾是“巴西梦”。目前巴西仍生产茶叶，但产量不多，大部分靠进口。巴西人喜欢喝茶，称茶为“仙草”，认为是“上帝赐予的神秘礼物”。他们习惯在绿茶里放白糖和薄荷，红茶里放柠檬和牛奶。不过最受当地欢迎的茶饮还是马黛茶。

图 5–26 建在里约热内卢蒂茹卡国家公园的中国亭即是对 1812 年来此传艺的中国茶农永久性的纪念

02 葡萄牙与茶是如何结缘的

1808 年，葡萄牙王室通过澳门当局直接招募中国茶农到巴西里约热内卢市种茶，中国茶农主要在里约热内卢植物园（Jardim Botanico）、圣克鲁斯庄园（Fazenda Santa Cruz）和总督岛（Ilha do Governador）种茶。里约热内卢植物园建于 1808 年 6 月 13 日，地域辽阔。一些巴西学者认为，当时中国人在里约热内卢植物园内的“猴子河谷地”庄园种茶，中国茶树在巴西许多地方成林生长。一直至 1890 年，中国茶树苗与茶种又从巴西传到了欧洲的葡萄牙与法国。据清朝兵部郎中傅云龙 1888 年访巴时记载，当时还有 8 名中国茶农在植物园劳动。

葡萄牙种茶的地方是在亚速尔群岛内圣米格尔岛北部的福莫索港附近，始于 Mota 家族，茶种是哈辛托·雷特在 1820 年左右从巴西带去的。1878 年 9 月 7 日，葡萄牙聘用两个中国茶农赴岛指导种茶与焙茶，并带去更多的茶种。葡萄牙的 Correama 茶厂于 1874 年开始种茶，20 世纪初产茶 700 吨，目前仍有茶园32公顷，年产茶33吨。圣米格尔岛的茶树主要是小叶型的中国种和大叶型的印度阿萨姆种，以产红茶为主，在19世纪下半叶、20世纪初达到鼎盛期。

03 东南亚、南亚诸国的茶饮有何特色

东南亚、南亚各国家的人民，受华人饮茶风俗影响，历来就喜欢饮茶，饮茶的种类、方式也多种多样：有绿茶、红茶、乌龙茶、普洱茶、花茶，既有饮热茶的，也有饮冰茶的；有饮清茶的，也有饮调味茶的。

果茶是南亚国家向欧美出口的主要产品，“给咖啡加点糖”，就引用到了茶上，“给茶加点果汁、果肉，给茶加点糖，给茶加点奶”，要么在茶里加些冰，各种名目的茶，就风行于各国。酽酽的浓茶，为炎炎夏日解乏、提神。在东南亚、南亚各国，茶饮虽不是国饮，但胜似国饮。

巴基斯坦、孟加拉国等国家的人民喜欢饮甜味红茶或甜味红奶茶。巴基斯坦一般以茶、奶、糖按1 : 4 : 3的比例冲泡调饮，喜喝味浓的红茶。

04 印度的茶饮有何特色

在19世纪初英国人在印度开始种植茶树，当今印度是世界茶叶主产国之一，三大茶区是阿萨姆邦、大吉岭、尼尔吉里。年总产量超过80万吨，且几乎全是红茶。70%的被本国消费，其余被用来生产出适合西方人口味的各种茶叶出口欧美。印度与中国既争夺世界最大茶叶生产国的称号，也争夺世界茶树原产地的称号。

做奶茶是印度人每天生活中所必需的事情，制作奶茶时所添加的香料，也会因地区的不同或喜好的不同而有所差异。印度奶茶是由四种材料所组合而成的：浓郁的红茶、牛奶、多种香料，以及糖或蜂蜜。其中，丁香、姜、胡椒、豆蔻、肉桂是最常使用的几种香料。先将牛奶放到锅里加水煮沸，之后加入茶叶与香料，沸腾一会儿之后，再用小火炖五六分钟，然后滤掉茶叶，在茶汤中加入白糖，即可饮用。

05 斯里兰卡红茶

锡兰是斯里兰卡的旧称，所以斯里兰卡红茶又叫“锡兰红茶”。斯里兰卡红茶风味强劲，口感浑重，特适合泡煮香浓奶茶，带来酽酽浓茶温情。过去斯里兰卡没有茶叶种植加工，直到 1824 年，英国殖民者才将中国的茶引入斯里兰卡。斯里兰卡独立后，绿茵茵的斯里兰卡茶山、茶园变为国有、集体所有、个人拥有三部分。现在斯里兰卡约有 80 万人种茶，全国年出口利润有 20% 来自茶园，是世界上最大的茶叶出口国，是世界红茶市场的佼佼者。锡兰高地红茶被称为献给世界的礼物，与印度大吉岭红茶、阿萨姆红茶、中国祁门红茶并称为世界四大红茶。

06 新加坡的茶饮有何特色

新加坡是茶叶进口国，因为需求较大，喝茶方式多样，让不少茶叶生产国对新加坡的茶叶市场充满兴趣。除了饮用中国茶和英国茶之外，新加坡还饮用特有的“长茶”，即把泡好的红茶加上牛奶，然后泡茶人把奶茶倒进罐子里。由于“长茶”的杯子相当大，喝起来相当过瘾，喝茶者边品茶，边欣赏精彩的倒茶过程，心情会变得非常舒畅。

新加坡“肉骨茶”闻名世界，是大众化的特色饮食，一边吃肉骨头，一边喝福建产的乌龙茶，如大红袍、铁观音。肉骨，多选用新鲜带瘦肉的排骨，也有用猪蹄、牛肉或鸡肉。

07 马来西亚的茶饮有何特色

马来西亚最悠久的茶园——金马伦高原（Cameron Highlands），这座于 1929 年由英国人 J.A Russell 建立，至今已有 90 多年历史的茶园，海拔高达 5000 英尺，是马来西亚首个高原茶园。它拥有 4 个园区，占地面积 1200 公顷，每年产茶 400 万千克。BOH 是马来西亚最大茶叶生产和出口商，所制的经典英式红茶不仅是马来西亚市场占有率第一的红茶，而且以其独特的风味与口感享誉国际。

马来西亚“拉茶”是源自印度的饮品，是当地各族人们共同喜爱的茶饮料。泡好红茶，滤出茶汤，与炼乳混合，倒入带柄的不锈钢铁罐内，然后一手持空罐，一手持盛有茶汤的罐子，将茶汤以约一米的距离倒入空罐，接着倒回来又倒过去，重复七八次即成。

08 印度尼西亚的冰茶

冰茶几乎是印尼人一日三餐不能缺少的饮品。通常冲泡好红茶，加糖、新鲜薄荷叶、柠檬，放入冰箱冷藏后，还可加切碎的柠檬草，随时取出饮用。

印度尼西亚曾于1684年和1826年两度从日本引入中国茶籽试种，均未成功，1878年由印度引入茶籽，开始在爪哇岛试种成功并建立了一些茶场。1910年又从印度引入茶籽，种于苏门答腊岛上。在荷兰东印度公司的统治下，茶叶生产发展很快，至1939年茶叶产量创历史最高纪录。

图 5-27　薄荷红茶

09 日本传统茶文化

茶是日本传统的大众化饮料，平均每10人中就有8人饮茶。在唐朝的时候，日本僧人最澄在浙江天台山留学，回国时，不仅将天台宗带到日本，还将茶种带到京都比睿山日吉茶园。后来的僧人荣西也在天台山修习佛法并研学茶艺，写成了著名的《吃茶养生记》，记录了南宋时期流行于江浙一带的制茶过程和点茶法，因此，荣西被誉为日本的“茶祖”。

10 日本有哪些茶饮

日本绿茶都是经高温蒸汽杀青工艺制成的，级别由鲜叶老嫩程度来定。玉露茶在茶树发芽前 20 天，茶农就搭起稻草蓬，挡住阳光，小心保护茶树的顶端，待发出柔嫩新芽，采下嫩芽，经高温蒸汽杀青，然后急速冷却，揉成细长条，烘干而成。成品玉露，茶汤清澄，滋味甘甜柔和，是日本茶中最高级的茶品。

抹茶的栽培方式跟玉露一样，同样需要在茶芽生长期间将茶树遮盖起来，防止叶绿素流失，增加茶叶的滋味。采摘下来的茶叶经过蒸汽杀青后直接烘干，接着去除茶柄和茎，再以石臼碾磨成微小细碎的粉末。抹茶兼顾了喝茶与吃茶的好处。因具有浓郁的茶香味和青翠的颜色在很多的日本料理被当作添加的材料。

图 5-28　抹茶

煎茶是日本人最常喝的绿茶；番茶用的是茶芽以下、叶子较大的部分，茶味偏浓重，所含咖啡碱比玉露少，饮用不影响睡眠。

11 韩国茶文化

朝鲜半岛与中国山水相连，约在我国元代中叶后，中华茶文化进一步为朝鲜民族理解并接受，众多茶房、茶店、茶食、茶席变得时兴、普及。因受中国文化和日本文化双重影响，兴起“茶礼”习俗。20 世纪 80 年代，韩国的茶文化又再度复兴、发展，并为此专门成立了韩国茶道大学院，教授茶文化。每年 5 月 25 日被定为茶日，举行茶文化祝祭。

玄米茶是一种日韩风味绿茶饮品。这种茶的特点是，它既有日本传统绿茶淡淡的幽香，又蕴含特制的烘炒米香，茶与米的香气有机交融，无论是滋味、香气，还是营养价值都极大地超越了传统绿茶饮料。喝了玄米茶，会让人感到恬静淡雅，温馨醇和，在快节奏的现代生活中，玄米茶在日本和韩国极受上班族的青睐。

12 非洲国家有哪些茶俗

非洲多数国家气候干燥、炎热，居民多信奉伊斯兰教，不饮酒，饮茶是日常生活的主要内容。大多喜饮绿茶，并习惯在茶里放入新鲜的薄荷叶和白糖，煮着喝。

（1）马里人饭后茶。把茶叶和水放入茶壶里煮，茶煮沸后加上糖，每人斟上一杯饮用。

（2）埃及甜茶。埃及人待客，常端上一杯热茶，里面放上许多白糖，只要喝上两三杯这种甜茶，嘴里就会感到黏糊糊的，连饭都不想吃了。

（3）北非薄荷茶。喝的绿茶里放几片新鲜薄荷叶和冰糖，饮时清凉可口。

图 5-29 非洲红茶

13 北美洲国家有哪些茶俗

美国人主要喝红茶或速溶冲泡茶。人们习惯把茶冲泡好之后，放入冰箱冷却，饮时杯中加入冰块、方糖、柠檬，或用蜂蜜、甜果酒调饮，甜而酸香，开胃爽口。

加拿大人多喝英式热饮高档红茶，也有的喝冰茶，通常会加入乳酪、糖。

图 5-30　夏威夷茶园

14 欧洲各国有哪些茶俗

英国饮茶之风始于 17 世纪中期，先由皇室倡导，后普及到城乡居民，饮茶成为英国的一种社交礼仪。英国人喜欢滋味浓郁的红茶，并在茶中添加牛奶和糖。查尔斯 · 格雷二世于 1830 年到 1834 年就任于英国首相大臣。他是一位伟大的改革家，世界闻名的混合型调味茶格雷伯爵茶就是以他的名字命名的。这种混合型调味茶来源于中国，是清朝时一名中国人作为回馈的礼物送给格雷伯爵的。在格雷伯爵茶中使用了香柠檬油调味，香柠檬油是从原产于中国的佛手柑的皮中提炼的。

爱尔兰人饮茶之风更甚，曾是全世界人均茶叶消费量最大的国家，喜欢喝味浓的红碎茶。

荷兰是西欧最早饮茶的国家，多饮红茶和香味茶，常在茶汤中放糖。

俄罗斯人喜欢用茶炊沏茶，每杯常加柠檬一片，也有的用果浆。在冬季还会加点甜酒，预防感冒。

15 世界其他国家有哪些茶饮

土耳其每年人均茶叶消费量高达 3.16 千克，不论大人还是小孩都喜欢喝红茶，城乡茶馆遍布，出门饮茶很方便。几百年前土耳其处于奥斯曼土耳其帝国时期，土耳其通过丝绸之路进口茶叶，到了 19 世纪末，土耳其开始种植茶叶，直到 20 世纪 30 年代，茶叶种植有了规模，红茶很快就取代了土耳其咖啡，成为国人的必需饮品。

伊朗和伊拉克人更是餐餐不离浓味红茶，先用沸水冲泡，再在茶汤中添加糖、奶或柠檬，然后饮用。

在蒙古，蒙古人喜爱吃砖茶。把砖茶放在木臼中捣成粉末，加水煮开，加牛奶或羊奶，再加盐。

新西兰人把喝茶作为人生最大的享受之一。许多机关、学校、企业等还特别订出饮茶时间。各乡镇茶叶店和茶馆比比皆是。

第6章 药用食用何为重

茶树的叶片吸收了来自根部和大气中的各种养分，经过十分复杂的生化过程，合成了特有的生化成分如茶多酚，还富集了各种矿物质。不同地区、不同季节的不同茶树品种的叶片内含主要成分的量和组分不尽相同；茶树叶子经采摘、加工后其生化成分也有所变化；通过不同的加工方式制成了不同茶类，冲泡后溶入茶汤内的生化成分也各不相同。传统上茶经历了药用、食用、饮用三个阶段，但实际上从来都是并用的。

科学喝茶益健康

茶叶的口感和功效主要来源于茶叶本身的内含物质，主要包括茶多酚、生物碱、氨基酸、色素、维生素、酯多糖、矿物质、芳香物等八大类。这些内含物质对人体保健作用可分成两类：药用功效和营养保健功效。

01 什么是茶多酚

多酚类（又叫茶多酚或茶单宁），是一类以儿茶素为主体的生物化合物，茶多酚含量占鲜叶干物重的 15% ~ 28%，云南大叶种茶树的叶子中的茶多酚含量比这个数据更高些。提纯的茶多酚呈白色粉末状，味苦。

02 茶多酚有什么药用价值

丰富的茶多酚进入茶汤后，具有苦涩味及收敛性，在茶汤中可与咖啡碱结合而缓和咖啡碱对人体产生的生理作用。茶多酚具有抗突变、抗氧化抗肿瘤、降低血液中胆固醇、抑制血压上升、抑制血小板凝集、抗菌、抗过敏等功效。

03 茶叶中的生物碱是什么

茶树鲜叶中的主要生物碱有三种：咖啡碱、茶叶碱、可可碱，其中最多的是咖啡碱。

04 咖啡碱有什么用

咖啡碱最先在咖啡豆中被发现，因此按例被冠名为“咖啡碱”。

茶叶中的咖啡碱约占茶叶生物碱总量的 95% 以上，茶叶新梢哪里生长旺盛，哪里的咖啡碱含量就越多；茶树哪个季节长得快，哪个季节的咖啡碱含量就多。咖啡碱是形成茶汤爽口风味的重要成分，因为咖啡碱能与儿茶素、茶黄素形成络合物，从而提供了一定刺激性而又较为协调的爽口感。

05 茶叶中含哪些氨基酸

茶树叶片中有几十种氨基酸，其中有 8 种是人体必需的，但人体又不能自己合成，必须从外部吸收。茶中主要有茶氨酸、谷氨酸、亮氨酸、赖氨酸等等。其中茶氨酸又名谷氨酰乙胺，是茶树体内的一种特征性氨基酸，不参与蛋白质的组成，属于游离氨基酸。茶氨酸具有降血压、抗癌、改善大脑功能等重要生理、药理功能。

茶氨酸含量在茶树叶子中最多，是鉴别茶叶真假的重要指标。茶氨酸与茶多酚、咖啡碱构成茶味，众多氨基酸组合奠定了茶叶的基础香气、滋味，如绿茶的板栗香、鲜爽，就是以谷氨酸、茶氨酸散发的香气、鲜味为主体。氨基酸是人体所必须的营养物质，所以说喝茶有益于健康。

06 茶叶中有哪些色素

茶叶中的色素包括脂溶性色素和水溶性色素两部分，含量仅占茶叶干物质总量的 1% 左右。脂溶性色素不溶于水，有叶绿素、叶黄素、胡萝卜素等。水溶性色素有黄酮类物质、花青素及茶多酚氧化产物茶黄素、茶红素和茶褐素等。脂溶性色素是形成干茶色泽和叶底色泽的主要成分。

07 茶黄素有什么作用和功效

茶黄素对红茶的色、香、味及品质起决定性作用，是茶汤中显亮的部分。茶黄素具有调节血脂、预防心血管疾病的功效，对缓解脂肪肝、酒精肝、肝硬化有很大的功用，故被称为人体的“软黄金”。

08 茶红素有什么作用和功效

茶红素在红茶和普洱茶（熟茶）中含量极为丰富，是使红茶、普洱茶汤色显红的重要成分，也是决定茶汤滋味的主要物质，并与茶汤的浓度有关。

茶红素是一种很强的抗氧化剂，能够帮助老化的机体抵抗生物氧化。

09 茶褐素有什么作用和功效

在普洱茶的加工过程中约 80% 的茶黄素和茶红素进行氧化、聚合，形成茶褐素，其含量的成倍增加使茶汤的收敛性和苦涩味明显降低，对改善人体的综合代谢平衡大有裨益。茶褐素在抑降血糖、血脂、血压、尿酸等方面效果显著。

10 茶叶中有哪些糖类物质

茶鲜叶中的糖类物质包括单糖、寡糖、多糖及少量其他糖类。单糖和双糖是构成茶叶中可溶性糖的主要成分。茶叶中的多糖类物质主要包括纤维素、半纤维素、淀粉和果胶等。

11 茶叶中的单糖、双糖、纤维素含量有多少

单糖、双糖多存于老叶中，嫩叶中较少。蔗糖、果糖和葡萄糖含量随叶龄增大而增加。纤维素是人类健康不可缺的营养要素，具有其他任何物质不可替代的生理作用，因而被称为继蛋白质、脂肪、碳水化合物、矿物质、维生素和水之后的第七种营养素。每人每天需摄取 25 ~ 35 克的纤维素。一般茶叶中含 8% ~ 20% 的纤维素，红茶含量最高。

12 茶叶中有哪些维生素

茶叶中含有丰富的维生素，如维生素 A、维生素 B、维生素 C、维生素 D、维生素 E、维生素 H、维生素 P、烟碱酸、泛酸、叶酸，其中维生素 C、烟碱酸、泛酸的含量比一般食品高，维生素 C、维生素 B、维生素 P 易溶于茶汤中，能被人体较好吸收。

维生素 B_1 是维持神经、心脏及消化系统正常机能的重要生物活性物质，有助于调节体内糖代谢。维生素 B_2 参与人体的氧化还原反应，维持视网膜的

正常机制。维生素 C 能保持微血管的正常坚韧性、通透性，因而使本来微血管脆弱的人通过饮茶起到一定恢复作用。维生素 A 有预防夜盲症和白内障及抗癌的作用。

13 茶中有哪些矿物质营养元素和微量元素

茶树对矿质元素有很强的富集能力，茶叶含有人体所需的大量元素和微量元素。茶树从土壤中吸收的矿物营养元素主要有钾、磷，其次为钙、镁、铁、铝、锰，微量元素有铜、锌、镍、铍、钛、矾、硫、氟、硒等。这些元素富集在叶片中参与茶树的生长代谢过程。

14 矿物质有哪些保健作用

茶叶中所含矿物质元素具有抗癌抗瘤、维持酸碱平衡的作用，如钾（K）可维持细胞内的渗透压、维持心脏的正常收缩等作用；锌是许多酶的组成元素；硒是保护人体免疫系统的重要元素；氟是人体内骨组织的重要构成部分。茶汤中阳离子含量较多而阴离子较少，属于碱性食品，可帮助人身体体液维持碱性，保持健康。

15 茶中的芳香物质有什么作用

芳香物质是一种含量微少而种类很多的挥发性物质的总称，目前在茶叶中已分离鉴定出 400 多种，芳香物质的组合及浓度对茶叶的香气有一定影响，是决定茶叶品质的重要因素之一。

合理喝茶益健康

喝茶有哪些好处？可兴奋中枢神经，提神醒脑，增强记忆力，增加运动能力；刺激胃液分泌，帮助消化，增进食欲，消除口臭；固齿强骨，预防蛀牙；抑制细胞突变，具有一定的防癌抗癌作用；保养肌肤，保护视力，维持视网膜正常，预防老年性白内障，降低血液的胆固醇含量、血脂浓度，防止动脉硬化、高血压、脑血栓等。喝茶对人体健康有百利而无一害，只是要注意合理地喝、科学地喝，才能达到强身健体的效果。

01 不同体质的人该喝什么茶

茶树上采下的嫩芽叶经过不同的加工工艺（不同火候）做成茶叶，茶叶就有了凉性和温性等不同特性。中医认为人的体质有燥热、虚寒之别，燥热体质的人应喝凉性的茶，如绿茶、黄茶、普洱生茶、白茶、部分乌龙茶；虚寒体质的人应喝温性的茶，如黑茶、普洱熟茶、岩茶、红茶等。有一大类茶适合绝大部分人群喝，还有大部分人什么特性的茶都能喝。

身体肥胖而体热之人喝凉性的茶，身体肥胖而体虚之人喝温性茶，它除了具有去脂减肥作用外，还可调节体内生理平衡。有抽烟、喝酒习惯，上火、热重、较胖的人喝凉性茶，肠胃不适、睡眠不好、消化吸收功能差、体寒者应喝温性茶。

02 一天不同时段该喝什么茶

上午喝绿茶、乌龙茶、普洱生茶、白茶等，可醒脑提神；中午、下午喝花茶、黄茶、红茶、铁观音，除烦去腻；晚上喝熟普、老黑茶、老岩茶、茶调饮等，益气平和。

03 知否知否，茶是绿凉红热

绿茶是不发酵类茶，性寒，黄茶、普洱生茶、白茶、部份乌龙茶是轻发酵茶类，性稍寒渐温。这些茶类茶多酚、咖啡碱含量较高，刺激性比较强，适合早上喝，最好不要空腹饮用。经常在电脑前工作的人喝茶，可以防辐射；驾驶员、运动员、演员等人群喝茶可以增强思维活动能力、判断能力和记忆力。

红茶是全发酵类茶（性温热），普洱熟茶是后发酵茶（性温热），刺激性弱，这两种茶适合下午、晚上饮用。对脾胃虚弱的人来说，常喝红茶、普洱熟茶、各种老茶，在喝红茶时加点奶，可以起到一定的暖胃、养胃作用。

04 绿茶性寒是什么意思

绿茶多是由采摘的嫩芽叶（芽、一芽一叶、一芽二味、一芽三叶）做成的。而嫩芽叶中的茶多酚、咖啡碱含量比老叶多，杀青过程中杀死了大量的活性酶，主要内含成分还基本保留在茶里，冲泡后部分溶解在茶汤里。咖啡碱和茶多酚对人的胃黏膜有刺激作用，空腹饮或体弱的人喝绿茶会感到胃不舒服，也就是人们通常说这是由绿茶性寒造成的。

05 茶叶冷暖有谁知

情绪易激动、较敏感、睡眠状况欠佳、身体较弱的人群，晚上可以喝淡淡的、温热类的茶。平时喝红茶、老茶、煮的茶，可以在茶中加奶，也可以用安神的花茶调饮。

图 6-1　农家茶席

老年人和处于亚健康的人日常适合饮用红茶、普洱熟茶、老岩茶、黑茶，可以在茶中加奶、糖、姜汁、柠檬汁调饮，也可以熬煮后饮用。

血压高的人群可以喝绿茶，肝炎病人可以喝淡淡的绿茶，糖尿病人日常可以喝绿茶、白茶、普洱茶、红茶。

妇女在经期前后以及孕期、产后性情常常比较烦躁，可以选择饮用具有疏肝解郁、理气功效的茶类，如普洱熟茶、花茶（玫瑰红茶、荔枝红茶，加奶加茶调饮都好），茶味一定要淡，要常换口味。

食用牛、羊肉较多的人，喝茶可以解腻，促进脂肪的消化吸收。可多饮奶茶（多民族的奶茶都是用黑茶熬制）、普洱生茶、熟茶、黑茶，生熟茶泡好掺着喝，也可选用绿茶、红茶以及其他茶类。

06 春天喝什么茶

一年四季有二十四节令，各节令的气候不同，喝茶种类也宜做相应调整。

春季人体处于舒发之际，可选择喝红茶、普洱茶、浓香型铁观音、岩茶等，这些茶既有温性，又有活性，有利于散发冬天积郁在人体内的寒邪，促进人体阳气生发，振奋精神，消除春困。

春季还宜喝花茶，花茶甘凉，兼具芳香辛散之气，能有效地缓解春困造成的不良影响，令人神清气爽。春天最适宜喝的花茶依次为茉莉花茶、菊花茶、金银花茶、玫瑰花茶。

07 夏天喝什么茶

夏天喝茶是为了消暑解渴，一般人群适宜喝绿茶、黄茶、白茶、生普洱、清香型铁观音、冻顶乌龙、文山包种、各种茶调饮等，这些茶发酵程度低，既能消暑解热，又能增添营养。喜爱喝冰镇饮料而又胃寒的人，可以饮用发酵程度较高的茶，如红茶、普洱熟茶，这类茶味醇性温，回甘生津，能消脂除腻，还养胃护胃。

适合夏天饮用的茶首选绿茶，绿茶性寒、味苦、清凉。白茶、黄茶也性寒，具有清热、消暑、解毒、增强肠胃功能的作用，可促进消化，防止腹泻、皮肤疮疖感染等。体质好的人也可以喝一些存放 3 ~ 5 年的生普洱。绿茶中添加几朵杭白菊、金银花，更能增加清凉、消暑的作用。

08 秋天喝什么茶

秋季天气干燥，喝茶既能清除体内余热，又能生津养阴，使人神清气爽。喝茶可润肤、益肺、润喉，对金秋保健大有好处。

秋季适合喝青茶，青茶的性、味介于绿茶、红茶之间，不寒不温。陈年白茶性平和，如贡眉、寿眉、新工艺白茶等，也适宜秋天饮用。还可以喝半熟发酵程度的普洱茶，可将生茶和熟茶混起来喝，即把生茶和熟茶冲泡了兑着喝，取其两者功效。

09 冬天喝什么茶

冬季养生保健重在御寒保暖，提高人体免疫力。多喝熟普洱茶、红茶、老岩茶、各种老茶、煮着喝的纯茶，以及热的茶调饮，这些茶汤色褐红，喝起来暖意满满，善蓄阳气，生热暖腹，补体强身。

红茶，味甘性温，含有丰富的蛋白质，具有一定滋补功能，可以养阳气，给人以温暖的感觉，清饮调饮俱佳，最适宜冬天饮用。代表名茶有正山小种、滇红、祁门红茶、宁红、川红、湖红、英红等。红茶还是最适调饮的茶，可以加奶、姜、红枣、枸杞等一道煮。

图 6-2　“开门红”茶

普洱熟茶性温，可以暖胃驱寒，消食化积，很养胃。所以胃不好的人想要喝茶的话，红茶和熟普洱都可以试试。普洱熟茶也适宜冬天煮着喝。

冬天南方人喝红茶、熟普洱，北方人喝茉莉花茶。茉莉花茶性平，略偏一点温，可以理气开胃，温暖身体，很适合北方人在冬季饮用。

10 茶为什么能传播到全世界

从茶树、茶叶、茶文化传播来看，茶是一个特殊的文化传播载体，各民族、各阶层都接受它、喜欢它、需要它，无论官方、民间组织、也都能接受它、喜欢它、需要它、离不开它。

研习泡茶益健康

研究栽茶、做茶，出力又出汗，对身体健康有好处。研究喝茶，尤其自己种的茶和做的茶，要了解怎么冲泡、用什么水和什么杯具，什么时间喝才算合理饮茶。一杯茶在手，平心静气，志趣清远，最有益于人体健康。

01 平时喝茶有讲究吗

平时喝茶只为解渴或提神醒脑，所以也就没有太多讲究，随意就好。随手抓一把茶叶放入杯中，冲上开水，可以喝上一整天。

02 泡茶有什么讲究

泡茶是为了解渴和待客，只要好喝，不伤身体就好。平时泡茶，泡前要洗手，洗杯具或茶壶，再用干净勺取茶，装在杯中或壶里，然后用开水润一道茶（用开水快涮一下即倒掉），最后冲泡、续水就可倒出来喝了。

03 为什么说泡茶既是一种品味，也是一种健康生活方式

我们平时说的“茶泡好了”，就是冲泡后加盖或不加盖 20 秒到 1 小时内要把茶汤倒出来喝掉，之后再喝再续水。当然最好是把刚泡好的茶汤倒在一个公用杯里，倒出喝完。也就是尽可能不要喝太长时间，老泡着的茶汤。这种茶汤的颜色不好看，鲜香不在，品质也会发生变化。所以，自己要常备一个杯子。喝刚泡的茶，是品位，尽量不喝冲泡时间太长的茶是为了健康。

04 何谓润茶或醒茶

润茶又叫醒茶，其实就是洗茶。做出的茶，由于存放时间长，洗一洗，去除包装味或表面浮尘。人们给洗茶取一个雅称，叫润茶或醒茶，好听，贴切，又有品味。一些业内人士主张好茶不用润或醒，而有的主张普洱茶要润

两次，各有各的道理。

05 如何冷水泡茶

用冷水冲泡随身带的茶叶，茶叶最好是绿茶、白茶、红茶。把小瓶装上水，塞点茶进去，盖紧盖子，随时想喝就喝。喝完之后既可以扔掉再新泡一瓶又可以续水再用。冷水泡茶特别适合热天在野外运动的年轻人。

图 6-3　冷水泡茶

06 泡茶用什么水

泡茶用水，无论是天落水，如雨、雪、霜、凌，地上水，如江、河、湖、泉、井水；还是自来水、瓶装水都可以，但卫生达标、无污染是最基本的要求。除此外，还要了解泡茶用水的软硬。

07 硬水和软水哪个泡茶好

水的软硬取决于水中钙、镁矿物质的含量，我国测定饮水硬度是将水中溶解的钙、镁换算成碳酸钙，以每升水中碳酸钙含量为计量单位，碳酸钙的含量低于 150 毫克 / 升的水称为软水，150 ~ 450 毫克 / 升的为硬水，450 ~ 714 毫克 / 升的高硬水，高于 714 毫克 / 升的为特硬水。

研究显示，最有利于人体健康的饮用水硬度在 150 ~ 450 毫克 / 升。

专家建议，泡茶，尤其是泡红茶，宜用软水，否则会影响茶汤的颜色。硬水软化通常最适用、最简单的方法就是煮沸。

08 泡茶水温有什么要求

泡绿茶的适宜水温在 80℃ ~ 90℃，泡红茶、黄茶、花茶的适宜水温在

90℃ ~ 100℃，其他茶特别是熟普洱、铁观音、岩茶等，水温要到 100℃才好冲泡。

09 如何试茶

面对一款没有品过的茶，十分好奇，想尝一尝，可按常规习惯，用不同水温和焖泡时间，多冲泡几次，每次尝上几小口，还可以在口中转一转，感觉一下。泡茶是一个经验积累的过程，多泡几次就能琢磨出来许多技巧。

10 喝茶有哪些注意事项

一般来说茶不能与狗肉、羊肉、黄豆同吃，茶叶中含有较多的单宁酸，单宁酸能使蛋白质变成不易消化的凝固物质。

茶与柿子相克。

药物中的硫酸亚铁片、枸橼酸铁铵、黄连素等，会与茶中的鞣酸产生化学反应，形成沉淀，影响药物的吸收。如镇静类药物苯巴比妥、安定等。

喝新做出来（两周内）的茶，容易引起胃不舒服。

喝头遍茶（冲泡的第一道水），相当于蔬菜水果不洗就吃。

喝隔夜茶，相当于吃剩饭剩菜，时间长了能不喝就不喝。

一成不变地喝茶，老喝一种茶，会觉得枯燥乏味。

空腹喝茶，容易茶醉。

饭后立即喝茶，影响消化。

酒后喝茶，伤肾。

发烧喝茶，不易退烧。

溃疡病人喝了茶，会加重病情。

尿路结石的患者喝茶，不利排石。

妇女经期孕期忌喝绿茶、浓茶。

神经衰弱的、失眠的人晚上忌喝浓茶、绿茶。

心脏病患者忌喝浓茶、绿茶。

11 喝茶的境界是什么

林清玄说：“喝茶的最高境界就是把‘茶’字拆开，人在草木间，达到天人合一的境界。”对爱茶的人来说，在品茗时，享受的就是那种人与茶和谐、圆融的境界。

12 如何养壶、养杯、养性情

常说养壶即养性，养壶是茶事中最怡性情的一件。常用的茶具包括壶、杯具、茶宠等，新启用时都应先用茶水反复擦洗、浸泡，煮沸，再用清水洗净待用。泡茶前应温杯洁具，喝完茶再用茶叶反复擦洗杯具内外，然后用清水洗净，晾干，这是养壶养性的基本要求。养壶最直接的目的就是让茶壶泡茶更好喝，如果使用紫砂壶杯具，养壶的直接效果就是让壶的外表更油润。养壶讲求内修外养，内修是一壶只泡一类茶，外养是要勤泡茶、勤擦拭、常摸索。一个人若是常常做这些事、常常喝茶，如何不是养性情！

图 6-4　茶具

13 为什么说茶换着喝更有益健康

茶树的根、茎、叶都有富集矿物离子功能，这里以微量元素氟的含量为例说明。有些局部地域土壤中氟含量较高，该地域上的茶树品种的根、茎、叶富集的氟含量也较高。前文已讲述过茶树同一枝条上的老叶中氟的含量较嫩芽叶中的高，用较老叶片做的茶，氟含量相对较高；某些地域产的粗老茶，氟含量相对更高。人体对氟的耐受是有限的，若是一成不变的喝这种氟含量较高的茶，长期、大量地饮用有损人体健康。所以，多喝嫩芽叶做的茶，避免长期、大量喝粗老茶，还有就是常换口味，喝不同地方、不同品种的茶，更有益人体健康。

茶引药香益健康

茶被人们发现后，其利用方式经历了药用、食用和饮用三个阶段，但这三种利用方式是并用的。

01 什么是核桃分木茶

核桃中的分木就是核桃仁中间的那层薄薄的隔板，新鲜时清香，干燥后醇香，有很好的安神作用。与白茶同泡，香味互助，有清心、助眠、安神作用。与红茶、普洱茶同泡也很好喝，清心养神。

02 什么是菊苣茶

菊苣，别名为苦苣、苦菜、卡斯尼、皱叶苦苣、明目菜、咖啡萝卜、咖啡草，分布非常广泛，属药食两用植物。菊苣叶可调制生菜。菊苣叶和根可入药，与常见的中药白茅根、蒲公英一起晒干打碎泡饮或煮饮，有清热解毒、利尿消肿、缓解痛风症状的作用。与茶特别是普洱茶同泡同煮，反复饮用，效果更好。

03 什么是虫茶

虫茶又叫茶精、虫酿茶、虫化茶，是中国特有的林业资源昆虫产品，是传统出口的特种茶。以贵州黔东南的产量、质量最优，主销东南亚、港澳地区。湖南城步县、广西苍梧、云南昭通等地有小规模生产。虫茶是由化香夜蛾、米黑虫、米缟螟等昆虫的幼虫取食茶叶、苦茶、化香树等老叶片后留下的粪便干制而成的，含有单宁、粗蛋白、粗脂肪、维生素等营养成分。虫茶如黑褐色米粒，开水冲泡后汤色青褐，清香四溢，味道甜醇。李时珍的《本草纲目》有记载，饮此茶有助消化、清火、降血压、降血脂，用于止咳、祛痰、消炎、治慢性支气管炎、治百日咳等病有辅助作用。好的虫茶经多年贮存陈化后，口味更醇和，药性更温和。

04 什么是灯台叶速溶茶

灯台叶为夹竹桃科鸡骨常山属（Alstonia）植物糖胶树（*Alstonia scholaris*（L.）R. Br.）的干燥叶，是 20 世纪 70 年代初从云南思茅地区民间发掘出来治疗慢性气管炎的药物，能止咳祛痰，退热消炎。灯台叶速溶茶主要原料是灯台叶、云南大叶茶，可用云南大叶茶的清香调配、调和灯台叶的香气滋味。灯台叶茶具有化痰止咳、松弛平滑肌及缓和支气管炎哮喘作用，该茶是一道颇受消费者欢迎的特色茶饮。

05 什么是野坝子茶

野坝子茶又叫皱叶香薷、野拔子、狗尾巴香、地植香、小山茶、野茶花等，分布于四川、贵州、云南、广西等地，生于海拔 1300 ~ 2800 米的山坡、路旁的草丛、灌木丛中，属唇形科草本植物，植株高 30 ~ 150 厘米。叶子晒干后切成小段就可冲泡饮用。汤色黄明亮，青蒿枝香，滋味回甜，有清热解毒功效，多用于餐馆里火锅、烧烤的饮用凉茶。可与茶水同饮，或外敷用，对感冒、外伤出血、烂疮、蛇咬伤等有良好疗效。

06 什么是老鹰茶

老鹰茶是我国西南地区特有的民间传统茶饮料，历史悠久，各地称呼不一，以雀舌、红莲、白莲的叫法较多，有止咳、祛痰、平喘、消暑、解渴功效。四川省石棉县特产的老鹰茶，是中国国家地理标志产品（国家质检总局 2012 年第 111 号公告）。其种源为樟科毛豹皮樟。加工工艺类似白茶、绿茶。品质特征：芽茶、全芽披毫，形似玉笋，圆浑肥大壮实；叶茶（一芽一叶至一芽三叶）、叶片匀整；干茶色泽棕红，樟香浓郁，汤色黄亮，滋味醇和爽口、回甜。理化指标：水分≤ 8.0%；芽茶水浸出物≥ 30%，叶茶水浸出物≥ 25%。产地海拔 1500 ~ 3000 米，土壤 pH 值为 5.0 ~ 7.5，土壤有机质含量

≥ 2.0%。有在天然环境中自然生长的野生型和人工移栽定植的半野生型两种。

07 什么是螃蟹脚普洱茶

“螃蟹脚”是一种长在普洱茶树上的寄生物，学名扁枝槲寄生，“螃蟹脚”是俗称，又称“茶精”和“茶茸”。颜色为绿色（但采摘晒干后变成棕黄色），形状像螃蟹的脚，有股浓浓的梅子香。常跟普洱茶混拼压制成饼，人称螃蟹脚普洱茶。螃蟹脚性寒凉，具有清热解毒、健胃消食、清胆利尿、降低“三高”等功效。冲泡出的“螃蟹脚”汤色黄绿透亮，鲜时有浓郁的特殊清香，陈化后有较浓郁的药香。放几节螃蟹脚与普洱茶同泡，无论生、熟茶，汤色更清亮，香气更浓郁醇厚，滋味更甘甜润爽。

08 什么是三七茶

三七茶又名田七茶，是用三七的叶、茎与适量茶叶科学配制而成的袋装泡茶。三七是名贵中药材，以云南文山生产的最好。它的叶和茎含有丰富的三七皂苷，有与人参相似的作用。三七茶具有清凉解渴，振奋精神，增强体质的保健功能，对心脑血管疾病有良好的预防作用。

09 什么是绞股蓝茶

绞股蓝又名乌七叶胆，是一种葫芦科绞股蓝属植物，主要成分是绞股蓝皂苷，与人参皂苷作用类似，具有滋补安神的作用，可作保健饮料，加工简单。可单独喝，也可与普洱茶一起冲泡饮用。常饮普洱茶配天然绞股蓝的茶，既能品味到云南大叶种茶的色、香、味，又有护肝养胃、催眠镇静、降压降脂、延缓衰老等保健作用。

10 老茶树的根可以用吗

据老茶人的介绍，老茶树的根可以入药。最好选用 50 年以上的老茶树的根，用来反复煮水喝，喝上一段时间，对治疗高血压、心脏病有一定作用。

第7章
多姿多彩茶食饮

有好喝的茶，也有好吃的茶；会喝好喝的茶，会做好吃的茶食，都是我们对美好生活的追求。

茶食品

民以食为天。茶食品是指用茶掺食料加工而成的食品。茶食品以清淡、爽口为特色，品茗与茶食相搭配可以增添茶文化的精彩，增加茶艺的情趣。

01 红茶汤圆

冲泡好红茶或普洱熟茶，滤出茶汤，煮好汤圆分装在碗里，冲入茶汤即可食用。茶汤红艳，汤圆洁白，无论红茶的糖香，还是熟普的陈香，都与汤圆的糯香相融合。

图 7-1 红茶汤圆

点评：不甜腻，味道好，好消化，外形赏心悦目，多在节日、亲朋团聚、庆典时食用。

02 茶饭

准备 0.5 ~ 0.7 克茶叶，用 500 ~ 1000 毫升的开水泡 5 分钟，滤出茶汤备用。淘好米用茶水煮，红茶、绿茶、普洱生茶、熟茶都行，不同的茶水煮出的饭风味不同。

点评：饭有不同风味茶香，香而不腻。

03 茶饺

主料：茶叶、肉馅。辅料：姜、葱、味精、生抽、油、盐、白糖。

用开水泡茶 3 ~ 5 分钟，捞出茶叶切细备用；或者采摘茶树上的鲜嫩芽叶用开水烫一下，捞出来切细剁碎。

先把辅料倒入肉馅中搅匀，再拌入备好的茶叶，调匀。

用泡茶的汤或烫茶鲜叶的水和面，就可以包饺子了。

点评：铁观音、云南大叶种茶，冲泡后散发出浓郁的兰香和花香，茶性清淡，涩中带苦，适合泡出茶汤做饺子馅。黑龙江一家店做出茉莉花茶饺子，其做法是用茶水和面，用茉莉花茶做馅，很是独特。

04 茶叶馒头

新茶 100 克，用沸水 500 克冲泡，冲泡成的浓茶汁放凉至 20℃ ~ 30℃，加鲜酵母和面发面，做成馒头。

点评：茶叶馒头色如秋梨，味道清香。

05 茶叶素饼

把茶冲泡后，滤出叶底，或取茶树上嫩芽叶在开水里烫一下，捞出切成细丝，加糖、五香麻仁等料拌成甜、咸两种馅，做酥饼。用茶汤或烫鲜叶的水和面。

点评：茶叶果饼属寺院供品，清淡、清香、清新。

图 7-2　宝洪茶素饼

06 茶面条

普洱茶养生面富含普洱茶营养成分，产品外形与挂面相似，色泽明亮调匀，呈纯正酒黄色；质地细密，消除了传统面条碱味较重的特点；滋味醇滑爽口有劲道，既有小麦的醇厚，又散发浓烈的茶香。茶面条具有美食和养生两大功能，特别适合肥胖人士，中老年人群，胃寒、便秘、肠胃慢性病者等人群食用。

点评：普洱茶与通海杨广面的结合，无疑是云南茶企的一种创新。

茶菜

早在唐朝就已出现了茶叶菜肴。茶菜清淡、爽口、开胃，著名的茶菜有杭州特色龙井虾仁、双龙戏珠，北京宫廷特色菜的纯芽龙须、银针庆有余、茶饺，云南基诺山凉拌茶等。茶菜丰富了茶业、旅游业、餐饮业的内容，也丰富了茶文化的内涵。

01 如何做凉拌茶

把从茶树上采下的嫩芽叶放在开水里烫软，捞出后拌上佐料。佐料可据个人爱好选用。茶的嫩芽叶苦涩味重，把姜、蒜、小米辣剁碎了拌在茶嫩芽叶里，一是为了美观，二是为了调和苦涩味。基诺族还会拌些当地特有的调料，味道酸酸辣辣，别有一番滋味。

图 7-3　凉拌茶

冬天没有茶树鲜叶，可用制好的茶，如绿茶、黄茶、白茶、乌龙，用开水泡开（用温水让茶醒来），滤去茶汤，拌上佐料就行了。平时也可同水豆豉、鱼腥草、薄荷等一起凉拌。

点评：凉拌茶是一道下饭小菜，开胃，解腻。

02 如何做茶烧肉

茶烧肉是一道孔府家传名菜。泡一杯老茶，滤出茶汤备用。将带皮带骨肋条肉剁成核桃块，加葱姜炒到半熟，再倒入茶汁烧熟，放入配料翻炒几下即可。茶排骨也可以照此方法做。

点评：茶汁烧出的肉、排骨酥软、嫩香，不油腻。

如何做茶蒸鱼

将泡茶滤去茶汤的叶底或从茶树上采下嫩芽叶放在洗净的鱼肚子里，配上葱、姜、胡萝卜丝后蒸熟，即可食用。

点评：鱼鲜，茶香，没腥味。

如何做炸面茶

用从茶树上采下的嫩芽叶或泡茶滤去茶汤的叶底沾上面粉，放在油锅里炸，吃起来又香又脆。或直接炸制后用来做装饰配菜。

点评：铁观音以及云南大叶种茶体形较大，适合做炸面茶，散发出浓郁的兰香、花香，茶性清淡，涩中带苦。

05 如何做广西六堡黑茶鸭

把杀好洗净的肥鸭浑身抹上花椒和盐后腌一下，再蒸熟；把六堡黑茶用文火炒到冒烟，然后把鸭子放在茶上，加姜和水，让鸭子充分吸收茶香，吸透后再把鸭子油炸一下即可。

点评：茶香味足，肥而不腻。

06 如何做碧螺鲜鱿

将鲜鱿（新鲜的鱿鱼）除去外皮和内脏，清洗干净后，打斜切十字花，再切成斜长片，盛起，沥干水分，打一个鸡蛋黄，放半匙盐、少许麻油，拌匀后腌制。

碧螺春茶 3 克，用 50 毫升开水冲泡 1 分钟，倒出 30 毫升茶汤，余下的茶叶及茶汤备用。也可用鲜叶如此泡制。

将炒锅置火上烧热，滑锅后下猪油，至四成热时，倒入鲜鱿，迅速划散，倒入漏勺沥去猪油，用葱炝锅（即用葱炒油锅，用时去葱，留其葱香而不见葱），再将鲜鱿倒入油锅，迅速把茶叶及汁一同倒入，烹点绍酒，抖动几下，即可出锅装盘，一道碧螺鲜鱿就做好了。

点评：还可以把茶芽装饰在鱼上，不仅好看，嗅着也香。

07 如何做茶叶蛋和茶芽炒蛋

茶叶蛋：茶叶 80 克，加适量水，鸡蛋 0.5 千克，鸡蛋煮至七八成熟时取出，磕破壳，再投入原汁中浸泡 2～3 小时，可使鸡蛋清香爽口。

图 7-4 茶芽炒蛋

茶芽炒蛋：用从茶树上采下的嫩芽叶炒鸡蛋，放一点点葱姜末调味。

点评：茶香浓郁，鲜香可口。大部分爱吃茶叶蛋和茶芽炒蛋的人都接受的传统做法，也可以试试多用几种不同类的茶，做出风味不同的鸡蛋。

08 如何做茶香牛肉

原料：牛肉 500 克，红枣 25 克，绿茶 5 克，桂皮、茴香少许，油、葱、姜、料酒、酱油、白糖。

牛肉切成小块后下冷水锅中煮，撇去浮沫，小火煮半小时后倒出洗净；再在油锅内放葱、姜及牛肉略炒，加上酒、酱油、白糖、绿茶、桂皮、茴香、红枣和清水，大火烧开后，改小火焖烧约 1.5 小时，再开大火收浓汁即可。

点评：煮牛肉时放上一点茶叶不仅能使牛肉芳香味美、去腥，而且使牛肉容易煮烂。

09 如何做樟茶鸭

原料：肥母鸭 1 只，花茶、樟树叶、糟汁、稻草、松柏枝、花椒、胡椒粉、盐、腌肉料适量。

做法：将肥母鸭处理干净，用盐及腌肉料腌渍 8 小时后，放入熏炉；将花茶、稻草、松柏皮、樟树叶拌匀做成熏料，鸭皮被熏至呈黄色后取出，上笼蒸 2 小时，出笼晾一下；熟油烧热，放入熏鸭，炸至鸭皮酥香。

点评：花茶与香樟、松柏香味很搭配，用来烧熏鸭肉，做出来的樟茶鸭香味很足，肥而不腻。

10 如何做绿茶酥红豆

绿茶酥红豆用的不是红小豆，是大的红豆。先将红豆煮熟滤干水，再油炸到外焦里糯；把从茶树上采的嫩茶叶或泡好的绿茶滤去茶汤后油炸，与红豆拼在一起装盘。

点评：绿茶酥红豆不仅名字好听，而且色、香、味、形俱佳。

11 如何做牛肉爱上普洱茶

牛肉爱上普洱茶也可以说成普洱茶爱上牛。其做法多样，既好做又好吃的做法有两种：一是普洱茶汁炖牛肉，一是让油炸的牛肉或牛干巴藏在油炸的普洱茶里。

点评：牛肉爱上普洱茶不仅名字好听，而且色、香、味、形俱佳。

12 如何做酸茶、腌茶

德昂族、布朗族、景颇族喜欢吃酸茶。从茶树上采下鲜叶，用新鲜芭蕉叶包裹好，放入事先挖好的深坑里埋上 7 天左右。取出揉捻成条，置阳光下晒 2 天，再包裹好放回深坑里埋 3 天，然后取出晒干即可。也可把鲜叶直接装在陶罐里（或深土坑）腌制。

制作好的酸茶用开水冲泡或煮后饮用，或者泡发后凉拌着吃。

点评：酸茶具有天然的苦味、岩味、蜂蜜味和特殊的微酸味，具有清热解暑、解腻、增加食欲的作用，是原生态天然绿色保健食品。

做腌茶一般在雨季。把从茶树上采回的鲜叶用清水洗净，沥去水摊晾一阵，轻揉几分钟，加辣椒、食盐拌匀，塞入罐或竹筒里，用木棒舂紧，将罐（筒）口盖紧，或用竹叶塞紧。放上二三个月，茶叶色泽开始转黄后，把腌好的茶从罐或筒里取出晾干，再装入瓦罐，随吃随取。食用时还可拌些芝麻香油，以及姜蒜泥等佐料。

点评：腌茶是一道小菜，具有佐食、开胃的作用。

13 如何做龙井虾仁

龙井虾仁是杭州名菜，因选用清明节前后的龙井茶配以虾仁制成而得名。

原料：活河虾 600 克，龙井新茶 5 克，鸡蛋 1 个，淀粉 10 克，黄酒、盐适量。

做法：将河虾挤出虾肉，用清水反复清洗至雪白，沥干水加盐和蛋清，搅拌到有黏性，加入小粉，腌制 1 小时。开水泡茶备用。热锅中放入油，滑开虾仁后盛出。用葱炝锅，放入虾仁，加黄酒、茶叶和茶水，迅速颠炒半分钟即可出锅。

点评：龙井虾仁将茶饮与虾仁融合，清新软嫩，色泽雅丽，虾中有茶香，茶中有虾鲜，食后清口开胃，回味无穷。

14 如何做绿茶番茄汤

原料：绿茶 2 克，番茄 150 克，盐少许。

做法：番茄洗净去皮，捣碎，并和绿茶混合置于汤碗内，立即冲入沸水加少许盐即可食用。

15 如何做茶叶鸡汤

煮鸡汤时放入一小撮茶叶或者在鸡汤做好后兑入半杯极浓的绿茶汁，做出的鸡汤会更清香。

点评：炖好的茶叶鸡汤鲜美甘香，汤品清香不腻，且做法简单。

16 如何做乌龙粉丝

冲泡乌龙茶，滤出茶汤发粉丝，发好后凉拌，味道极其鲜爽。

点评：用其他茶汤发粉丝也可。

17 做风味名茶菜有哪些注意事项

用茶汤做菜时，茶叶要完全泡开，香味才能更好地挥发出来。用茶汤做菜，一般要用 80℃的水浸泡茶叶两分钟，如果茶叶可以保证质量的话，每 10 克茶叶，放入 600 毫升水冲泡效果最佳。

乌龙茶适合跟鸡、鸭等搭配，牛肉性热，最好跟红茶一起做。

普洱茶的汤色红亮，适合做卤水汁，用于焖、烧效果最好；绿茶和白茶汤色清淡好看，适合做清蒸鱼，以及做清淡拼盘、小菜的装饰。

茶调饮

茶点是在饮茶过程中发展起的点心，茶点精细美观，口味多样，是佐茶食品之一。茶点的品类完全随地方民俗、习惯、饮茶者爱好而定，如各色干果、鲜果、糖果、面点，以及加了茶做的小食品，如红茶瓜子、绿茶酥，不胜枚举。

01 茶点如何搭配

茶点搭配看实际情况而定，有时以喝茶为主，如茶叙，点心就要少而精，清淡，若有若无；有时以吃点心为主，如茶歇，最通常的搭配原则是甜配绿，酸配红，如瓜子配乌龙，甜点配绿茶，水果可以配红茶，瓜子、坚果类可配乌龙系列茶。

02 茶点如何摆放

干点用碟，湿点用碗，干果用篓，鲜果用盘，茶食用盏，这已是茶席的要求。喝茶要配茶点，茶点又要用适合的器皿装，装好后还要摆放得体。

03 什么是魁龙珠茶

魁龙珠茶是用浙江龙井、安徽魁针以及江苏富春自己种植的珠兰制作而成的。取魁针之色、珠兰之香、龙井之味，融苏、浙、皖名茶于一壶，以扬子江水沏泡，“魁龙珠”是“一壶水煮三省茶”，入口柔和，解渴去腻。头道茶，珠兰香扑鼻；二道茶，龙井味正浓；三道茶，魁针色不减。

7-5　龙珠（杨薇　摄）

点评：魁龙珠茶是茶调饮中的王中王。

04 怎样做茶叶冰激凌、茶酸奶、啤酒茶饮

在过滤后的茶汁中加入鸡蛋、奶粉、稳定剂和砂糖，经巴氏灭菌、冷却、老化，再经凝冻制成茶叶冰激凌。

在酸奶的制作中，加适量茶汁可使酸奶色泽乳白嫩绿，口感细嫩。

喝啤酒时，往啤酒中兑入1/3的冷茶水，味醇至极，微苦中带着舒爽。

点评：制作茶叶冰激凌、茶酸奶、啤酒茶饮，需要多试几次，调到自己最喜欢的味道。

05 怎样做夏威夷果茶

新鲜菠萝50克，锡兰红茶2克，新鲜柠檬1/4个，苹果汁15毫升，白兰地10毫升，细砂糖和蜂蜜适量，热水适量。

做法：将新鲜菠萝切丁，放进茶壶里。倒入热水至八分满。把茶壶用小火烧开，煮沸 3 分钟。把茶壶从火上移开，在煮好的菠萝水里加入 2 克锡兰红茶，1/4 个切成小块的柠檬（带皮），15 毫升苹果汁，10 毫升白兰地。根据个人口味加入适量白糖，盖上壶盖浸泡 3 分钟。根据个人口味再调入适量蜂蜜即可。除此之外，还可以加入 15 毫升新鲜榨取的橙汁，味道更好。

点评：用白兰地、香槟、诺丽汁制作果茶，最具夏威夷风情。实际是红茶果汁特别宜热天饮用。

06 怎么做鲜榨果茶

在江西婺源人们会用茶汤浸泡新鲜水果，既好看、好喝又有营养。只需研究一下口味、颜色的搭配。可以自制也可小批量生产。分享一下喝过的几款果茶，绿茶石榴、乌龙柠檬凤梨、白桃乌龙茶、无花果葡萄茉莉清茶、火龙果荔枝乌龙茶，你可以尝试自制。鲜榨果茶的特点是一种茶的茶汤配几种水果，关键是调口味，配颜值。

07 什么是网红“兔子茶”

图 7-6　兔子茶

“兔子茶”号称新式茶饮，所有款式的饮品都以茶汁为主体配水果。logo 以玉兔为形，既是年轻萌文化的代表，也有传统文化的内涵。新鲜单品水果加不同茶类的茶汤可调制出各种当季单品水果茶。“兔子茶”只选用当季最好最甜的水果。为了保证茶的品质，到日本、斯里兰卡等多个茶园寻找好茶，与台湾、福建等地茶山独家合作。“兔子茶”中最有名的大红袍水果茶是所有“兔子茶”的滋味、颜值担当，价格便宜。还可以加上奶盖，如果不喜欢水果的话，可以只喝大红袍纯茶。

08 怎么做茶调饮

热饮：红茶调鲜奶、姜汁，是热的；

冷饮：红茶调柠檬汁等果汁，是凉的，还可加冰块。

图 7-7　玫瑰红茶

图 7-8　红茶调饮

茶宴

茶宴，不但是饮食文化中的奇迹，也是茶文化中的一朵奇葩。这里收集整理、推荐几道笔者品尝过的茶宴。

01 云南梁河县大厂回龙茶宴

茶山朝凤：回龙茶与茶园中放养的土鸡一起熏蒸；

龙游茶海：回龙茶与梁河谷花鱼，配酸菜一起炖；

茶香龙骨：回龙茶茶汤浸煮大厂生态小黑猪的排骨后，再油炸；

回龙茶珠：回龙茶煮鹌鹑蛋；

回龙元宝：肉末、回龙茶叶末调成的肉圆；

回龙茶酥：回龙茶鲜叶一芽一叶挂鸡蛋、豌豆粉浆后，进油锅炸；

雪地春色：大厂小黑豆手工磨嫩豆腐，加肉末、木耳、酱料，用回龙茶汤小火慢炖。起锅后用回龙茶嫩芽叶装饰。

回龙金砖：大厂生态小黑猪用沸水煮熟后捞出切成方块，再加上回龙茶鲜叶、酱油、白糖等佐料，用微火持续熏蒸。

02 云南景洪基诺山茶宴

凉拌茶：基诺山基诺族是一个爱吃茶的民族，他们有丰富的茶文化。基诺族把自己制作的凉拌茶，配上不同的佐料，如舂碎的蚂蚁蛋、酸笋、螃蟹等，再拌上不同的辅料、配料，至少做出十多种菜式。如凉拌茶配糯米饭团、凉拌茶配黄瓜鱼腥草等。

图 7-9　基诺族凉拌茶

茶菜汤：有些是嫩茶鲜叶揉碎放进新竹筒加清水喝清汤的；也有配菜、配佐料喝菜汤的（烧时放菌菇、配上黄果叶舂碎、揉碎的茶鲜叶、配上佐料、嘎哩啰和山泉水）

菜包茶：用芭蕉叶、白菜叶等把茶的嫩芽鲜叶包好，然后烧烤，烤熟后取出

图 7-10　茶香鸡

茶，或凉拌，或煮汤喝。

03 云南双江勐库茶宴

云南双江勐库茶宴有茶汤煮饭、凉拌茶、茶芽炒鸡蛋、炸面鱼、吉祥如意（茶香鸡）、绿茶酥红豆、普洱茶喂江鱼、腌茶、茶芽番茄蛋花汤等，餐桌上还用一芽二、三叶的茶鲜叶做装饰。

图 7-11　勐库古树茶 8 克迷你饼（荣琴茶叶　供图）

04 云南蒙自五里冲金花茶宴

在云南省蒙自市五里冲茶园人们会用金花茶叶子炖鸡、煮肉，汤味极其鲜美；肉汤还用来煮绿菜、豆腐丸子等。此外，他们还会做凉拌茶、茶芽炒鸡蛋、茶叶酥红豆，佐以金花茶叶子酿酒、金花泡茶。

图 7-12　五里冲金花茶

图 7-13　紫砂壶盛鸡汤

第8章 云茶大地谁主沉浮

从20世纪90年代末云南茶产业开始形成普洱茶、红茶、绿茶三分天下、鼎足而立的格局。普洱茶是云南地方传统名茶，特产特色；红茶一直是出口创汇的重要产品，也是时尚调饮的主流；绿茶除了有众多名品外，很大部分是大众习惯饮用饮料以及普洱茶的原料。如今云茶产品多样性的骨架基本稳固，同时，云茶产业将继续演绎精彩的“三国”故事。

国际茶都在昆明

昆明是云南的省会城市。东南亚最大的茶叶批发市场在昆明，云南最丰富的茶教育、茶文化、茶旅游资源在昆明。区位优势让昆明成为云南现代茶产业的中心，是云南茶叶最大的集散地，也是云南民族茶文化最大的展示平台。

01 什么是滇青、滇绿、滇红时代

从 20 世纪 70 年代初，云南开始有了加水渥堆发酵的茶（就是现在的普洱熟茶），这种茶被称为普洱茶。人们把晒青茶就叫晒青、青毛茶、滇青等；把精制后的芽、一芽一叶、一芽二叶叫春尖、春蕊等；把烘青、炒青茶叫滇绿；把工夫红茶、红碎茶叫滇红。这些传统好茶产自昆明茶厂、宜良茶厂。那时候茶叶的产（加工）、供、销都是国营的，全省茶产业主要由云南省茶叶进出口公司统一管理。

02 昆明传统名优绿茶有哪些

昆明十里香茶，原产于昆明市金马凉亭归化寺旁边十里铺虹桥一带，明代为贡茶，属中叶种高香型茶。采用晒青、烘青等传统加工工艺。其母树现存于云南农业大学茶学院教学实习茶园内。

宜良宝洪茶，原产于昆明市宜良县宝洪山宝洪寺旁，属中小叶种高香型茶，传统加工工艺为炒青、烘青抑或混制。

西山太华茶，现有极少株母树存于昆明市西山华亭寺海会塔园区内。传统加工工艺应是炒青、烘青。

图 8-1　宝洪茶嫩芽叶

图 8-2　十里香茶品种园

图 8-3　十里香茶母树

图 8-4　宝洪茶母树

图 8-5　昆明太华茶母树

03 昆明新创名优绿茶有哪些

禄脿茶是昆明安宁茶的统称，“禄脿”为彝语，意为“白石头多的地方”。茶树品种是从云南省保山市昌宁等地统一引进的云南大叶种茶。制作工艺：杀青、揉捻后又回到滚筒杀青机里炒干。成品茶的条形弯曲，颜色灰绿，有浓浓的板栗香，滋味纯正，收敛性强。

石林茶主要分布在昆明市石林风景区内螺蛳塘村，茶园里还间种梨树、中药材。属中小叶种高香型茶。曾创有名茶：拥翠、叠翠、石林春。

昆明九道茶又名迎客茶，最早流行于中国西南地区，在云南昆明一带最受人们喜爱。喝茶是书香门第之家待客的一种礼仪，当时昆明人泡的迎客茶以泡饮当地名茶十里香、太华茶为主，温文尔雅，礼数周全。

图 8-6 禄脿茶

第一道择茶：请客人选用准备好的各种名茶；

第二道温杯：净具，开水冲洗紫砂茶壶、茶杯等；

第三道投茶：将客人选好的茶适量投入紫砂壶内；

第四道冲泡：把初沸的开水冲入壶中，冲到壶的 2/3 处；

第五道浸茶：茶壶加盖五分钟，使水浸出物充分溶于水中；

第六道匀茶：再次向壶内冲入开水，使茶水浓淡适宜；

第七道斟茶：将壶中茶汤从左至右分别倒入各人杯中（现在稍有改进，先把茶汤倒入公道杯中，再由公道杯中从左至右分至各人杯中，这样的好处是各人杯中的浓度是一样的）；

第八道敬茶：由小辈双手敬上，按长幼有序依次敬茶。

第九道喝茶：喝九道茶时一般是先闻茶香以舒脑增加精神享受，再将茶水徐徐喝入口中，细细品味，享受饮茶之乐。

04 云南茶叶批发市场有哪些

现在云南规模较大的茶业批发市场，如金实、雄达、康乐、茶天下、前卫、塘子巷、邦盛、大商会、金利茶市等，都在昆明，西双版纳、普洱、临沧、保山、德宏、大理等州（市）的茶叶批发市场规模相比要小很多。省内具有规模的茶企都在昆明设专卖店或产品展示窗口。

05 昆明建城纪念茶

图 8-7　昆明建城纪念茶

2005 年，为纪念昆明建城 1240 周年，昆明各界举行隆重的庆祝活动。昆明民族茶文化促进会制作了纪念饼茶，赞昆明是花之城、春之城，号召大家学习、实践、弘扬昆明精神。

06 国家植物博物馆茶博馆

2019 年 10 月 8 日，云南省人民政府、中国科学院、昆明市人民政府合作共建国家植物博物馆签约仪式在昆明举行。国家植物博物馆集“馆、库、园”一体，是把传统博物馆的展览与活植物的收集、展示与研究以及传统文化和大健康产业相结合的综合性大型植物博物馆。项目位于昆明市盘龙区茨坝镇内。国家植物博物馆设茶博馆，以展示中国作为世界茶树原产地所拥有的丰富的茶树资源和古老的茶生态系统。

07 世界茶叶图书馆

图 8-8　世界茶叶图书馆

图 8-9　与马里孔子学院的师生交流茶文化

西南林业大学重视茶学学科的人才培养、科学研究、社会服务、文化传承创新，2020 年 5 月成立了世界茶叶图书馆。世界茶叶图书馆是以丰富的古今中外茶书、茶企资料和茶叶大数据为基础，以古茶树为研究基点，集研究、展示、交流为一体的综合服务平台。

08 云南省古茶树资源保护与利用研究中心

依托西南林业大学古茶树研究的人才优势和专业优势，云南古茶树资源保护与利用研究中心于 2021 年 4 月正式挂牌成立。成立古茶树研究中心将提升云南在古茶树资源保护和可持续利用方面的研究能力、人才培养能力，拓宽文化传承渠道、发挥创新功能，为我国的古茶树的研究和保护做出更大贡献。

图 8-10　云南省古茶树资源保护与利用研究中心

普洱茶的前世今生

传统意义的普洱茶是指在普洱集散的茶，现在的普洱茶是指云南特有的地理标志产品，以符合普洱茶产地环境条件生产的云南大叶种晒青茶为原料，按特定的加工工艺生产，具有独特品质特征的茶叶。

01 普洱茶的诞生

澜沧江流域内的多个民族先民从认知茶到栽茶树、做茶、吃茶，后逐渐发展成以茶易物。历史上，普洱是一个大集散地，在普洱收集茶的人可能来自长安，为皇帝收贡；可能来自西藏，为活佛采买；可能去往今天印度、巴基斯坦甚至更远的地方，采商销售。这些人将收到的茶用竹叶竹筐包装好，通过马驮运往外地。马帮在茶马古道上行走 1 ~ 2 年才能到达目的地长安、西藏以及印度、巴基斯坦。马帮辗转经年累月，驮运在天地间的普洱茶也经历了风霜雨雪、四季更迭。最终品尝到这茶的人大都是权贵、富商。他们会说：“茶是从普洱驮来的？这茶非常好，以后多多运来。”普洱的先民们得知自己的茶好，很受外面人喜爱，就努力再做。普洱茶从原产地出发时，是刚做出来的散茶，清香四溢，汤色黄绿，滋味鲜纯，收敛性好；到达目的地时，普洱茶变成紧压茶，色泽褐红，茶味陈香，汤色红浓明亮，滋味厚重回甘。时空转换造成了普洱茶出发时与终到时品质发生巨大变化，这种生产者与消费者对普洱茶认知上的差异延续了千百年。

图 8-11　普洱茶

图 8-12　七子饼茶

02 普洱茶的发展

从 20 世纪 70 年代到 21 世纪初，消费群体更喜欢陈香、琥珀色、回甘的普洱茶。斗转星移，让晒青毛茶在特定的时空环境条件下慢慢后发酵，已难以满足市场的需求，人们开始利用晒青毛茶经加水渥堆后干燥的制茶工艺生产普洱茶，品质特征与传统工艺制作的接近。1975 年中茶公司批准正式生产这样做法的茶，并专称为普洱茶。只在昆明茶厂、勐海茶厂、下关茶厂、临沧茶厂等几大国营茶厂生产，统一编号。

03 “757”普洱茶

著名的“757”普洱茶是几大国营茶厂出品的，以 1975 年为阶段标志，经渥堆发酵制成普洱茶产品的统一编号。编号的前两位“75”是 1975 年的后两位，第 3 位是青毛茶原料的级别，第四位是茶厂的排序。如“7572”茶，用 7 级晒青毛茶为原料，勐海茶厂（排序为 2）生产的普洱茶；再如“7571”，用 7 级晒青毛茶为原料，昆明茶厂（排序为 1）出品的普洱茶。这样的统一编号一直沿用到国营茶厂改制。

04 普洱茶生产的国家标准

《地理标志产品　普洱茶》（GB/T 22111—2008）规定了地理标志产品普洱茶的保护范围、术语和定义、类型与等级、要求试验方法、检验规则及标志、包装、运输、贮存。对茶叶原材料、特定工艺（分生熟）、特殊品质特征（生熟茶品质不同）、栽培管理、审评检验都做了明确规定。

本标准适用范围包括云南省境内 11 个州（市）75 个县（市、区）639 个乡（镇、街道办事处）现辖行政区域。

ICS 67.140.10
X 55

GB

中华人民共和国国家标准

GB/T 22111—2008

地理标志产品　普洱茶

Product of geographical indication—Puer tea

2008-06-17 发布　　2008-12-01 实施

中华人民共和国国家质量监督检验检疫总局
中国国家标准化管理委员会　发布

图 8–13　《地理标志产品　普洱茶》

05 普洱茶加工工艺流程

采摘 ⇨ 鲜叶 ⇨ 杀青
⇨ 揉捻 ⇨ 晒干（晒青毛茶）⇨

生茶
⇨ 蒸压成形 ⇨ 干燥（晒、烘）
⇨ 贮存陈放（在良好的条件下）

熟茶
⇨ 渥堆 ⇨ 干燥（晒干、烘干）
⇨ 贮存（在良好的条件下）

06 如何表述普洱茶的基本品质

生茶：外形规范，条索紧实，色泽墨绿；内质香气清纯，汤色明亮，滋味浓厚，叶底黄绿。

熟茶：外形条索肥壮、重实，色泽褐红；内质汤色褐红明亮，香气陈香，滋味醇厚，叶底褐红。核心品质是琥珀色、陈香、回甘。

在原料的基本品质稳定、基本加工工艺稳定的前提下普洱茶品质受到茶树品种、小区域环境等因素影响，可呈现出不同风味，如枣香、花香、木香、霸气等。

07 如何区分普洱生茶和普洱熟茶

普洱生茶是用云南大叶种鲜叶做的晒青毛茶为原料，经蒸软压制成形，放在适当的条件下贮藏，有待慢慢转化趋近成熟的紧压茶；普洱熟茶是用晒青毛茶经渥堆达到快速发酵成熟的散茶、紧压茶。两者的区别在于普洱生茶是自然贮放以期渐变成熟，普洱熟茶是渥堆快速

图 8-14　普洱熟茶汤色

发酵成熟。普洱生茶品质为黄汤、清香、苦涩味；普洱熟茶品质褐红汤、陈香、味醇和回甘。

08 普洱茶有哪些独特性

普洱茶有六大独特性：一是产地的独特性，普洱茶产自世界茶树原产地，以核心地带古茶树为证，受最大的地域范围保护（省级）；二是原料的独特性，以云南大叶种晒青茶为原料；三是传播方式的独特性，有茶马古道传播方式的文化独特性。四是民族文化的独特性，普洱茶与少数民族文化相结合，形成了丰富的少数民族茶文化；五是制作工艺的独特性，采用后发酵工艺。六是能长期贮存的独特性，普洱茶适宜长期保存，并且越陈越香，品质更好。

图 8-15　扫把茶（荣琴茶叶　供图）

09 普洱茶有什么保健功能

生茶和熟茶都有一定的降脂、减肥、降压、抗动脉硬化，养胃、护胃，健牙护齿、消炎、杀菌、治痢疾；防癌、抗癌，防辐射、抗衰老等功效。

有说喝普洱茶会造成人体钙流失，尤其是普洱熟茶，其实正常喝茶不会。切记不要把茶当药治病，或当保健品补充营养，要解渴地喝、爱好地喝、品尝地喝。

10 普洱熟茶中他汀类物质有什么功效

他汀类化合物作为有效的降脂类药物得到广泛的研究与应用。他汀类产品主要来自微生物发酵的次级代谢产物以及化学合成。多年系统研究表明，普洱熟茶中他汀类物质含量丰富，使喝普洱熟茶能降脂、降胆固醇的说法有了确切的科学依据。

11 普洱茶的陈香陈韵

普洱生茶是用云南大叶种晒青毛茶紧压成型的，在适当环境中贮放，可淡去晒味，渐渐呈现出花香清爽甘纯之滋。普洱熟茶是晒青毛茶经渥堆发酵、干燥而成的，适当放置后，酵味淡化而甘醇渐浓。无论生茶还是熟茶都需要在适宜的环境条件下贮放。

12 如何品饮品鉴普洱茶

琥珀色、陈香、回甘是品鉴普洱茶的三个要点。琥珀色有偏黄色也有偏褐红色，它涵盖了普洱生茶、熟茶的汤色。琥珀是经天长日久天然形成的珍宝，它通明透亮，正寓意着好的普洱茶汤色通透、陈韵悠长。陈香是普洱茶的基础香型，根据不同的品种、不同的加工者的不同理解、不同的品饮者的不同感觉，可以是兰香、枣香、参香、药香、木香、樟香、荷香、藕香、干桂圆香等。回甘是指人们喝了普洱茶后喉咙有一种特别舒服的感觉，好的普洱茶无论生熟，喝上一口后喉咙都会感到温润、舒服。另外叶底有弹力、不烂软，色泽均匀也是普洱茶品质较好的标准。

图 8-16　品饮普洱茶（纳濮茶园　供图）

13 什么是古树茶

云南是古茶树分布最多的省份，用古茶树上采下的嫩芽叶做的茶就是古树茶，最初还只有晒青毛茶，即普洱茶原料，随着古树普洱、古树红茶、古树白茶纷纷出现，问题也不断出现。古茶树资源须亟待保护而不是过多的采摘，古树茶的加工工艺、适制性也有待规范和深入研究。

14 2020年普洱茶品牌价值

2020年4月15日中国茶叶区域公用品牌价值评估是依据“中国农产品区域公用品牌价值评估模型”，经过对品牌持有单位调查、消费者评价调查、专家意见咨询、海量数据分析，最后形成相关评估结果。参与本次评估的中国茶叶区域公用品牌总数为111个，最终完成了对97个品牌的有效评估。97个有效评估品牌的总价值为1950.23亿元，平均品牌价值为20.11亿元，普洱茶的品牌价值继西湖龙井之后排名第二，达到70.35亿元。

15 勐海普洱茶品牌价值

中国区域品牌价值评价由国家质检总局组织，委托第三方权威机构测评，通过主客观相结合的评价方式，导入权威行业数据以及舆情监测信息，最终得出区域品牌价值评价结果。《2017年度区域品牌价值评价报告》显示，“勐海普洱茶”荣登农业区域制造领域榜首，区域品牌价值669.81亿元，区域品牌强度为769。

16 普洱茶中国特色农产品优势区认定

农业农村部等八部委2017年第一批认定中国特色农产品优势区有云南省临沧市临沧普洱茶中国特色农产品优势区；2019年第三批有云南省勐海县勐海普洱茶中国特色农产品优势区。

17 普洱毛茶有哪些级别

普洱毛茶分为12级，宫廷、特级、1级、2级、3级……10级，数字越大级别越低。宫廷以茶芽为主，特级为一芽一叶或一芽两叶等，一级是嫩叶，级别越低叶子越大越老，到9级就是老粗叶，10级就有较多的茶梗。一般级别越高香气越浓，级别越低口感越重；级别越高可冲泡的次数越少，级别越低越耐冲泡。

18 普洱茶饼有什么分类

普洱茶饼根据毛茶品质和用料等级分为“单级茶”“一口料”和“拼配茶”。单级茶是指用一种等级的毛茶制作茶饼，通常用较高级别的毛茶单一制作。一口料不用别的茶叶拼配，只用一种茶叶进行加工。拼配茶主要用数种不同级别的毛茶制作，通常会把粗老的茶放在里面，在背面用一些高级别的茶，在饼的正面撒上细嫩的金芽，不仅使茶饼的外观漂亮，而且可调和香气、滋味、口感。

19 普洱茶饼重量为什么定成 357 克

普洱茶七子饼，每饼重 357 克，便于征税和交易。古时圆茶为每圆重 7 两，七圆为一筒（即七子饼），重 49 两（16 两为一斤，49 两，合当时的 3.06 斤）；32 筒为一引（重 98 斤），接近 100 斤。现七子饼的每饼重量定为 357 克，则每筒和每篮的重量更接近整数，如一筒重为 7 片 ×357 克 / 片 =2499 克，约等于 2.5 公斤；一篮重为 12 筒 ×2.499 公斤 / 筒 =29.988 公斤，约等于 30 公斤。这样一来，原本零碎的数字相加之后就成为一个整数，便于厂家的进销管理。

20 什么是普洱茶的琥珀色

琥珀色，介于黄色和咖啡色之间。人们用琥珀色来诠释和赞美普洱茶的品质：汤色清澈透亮，呈现金黄色或琥珀色，香气久远、浓醇馥郁。

图 8-17　普洱茶的琥珀色

21 普洱茶的香气有哪些

普洱茶的香气是普洱茶的魅力所在。普洱茶在制作和存储过程中，游离态的氨基酸和芳香烃在不同条件下分解而产生香气，例如：生茶有花蜜香、兰花香、梅子香、槟榔香等；熟茶有糯香、枣香、参香、药香、樟香、荷香、核桃香等。陈香是普洱熟茶中最为常见的香气。

22 普洱茶有什么滋味

普洱茶的滋味主要有甜味、苦味、涩味、酸味、水味和无味，其中甜味和无味是上等普洱茶的必备品质，苦味和涩味则是普洱茶共有的味道，而酸味和水味则是下等普洱茶的味道。

23 如何收藏普洱茶

普洱茶的收藏最关键的就是要防止产生异味。普洱茶外面通常会由一张绵纸包裹，千万不能把棉纸去掉，也不能用其他纸代替，否则很容易染上异味。如果有条件，最好用一个专门的小仓库来存放茶叶，温度保持在 25℃左右，室内通风，不与有异味的东西放在一起，每隔三个月翻动茶叶一次。在梅雨季节和潮湿天气时还要注意控制湿度，以防止茶叶霉变。

图 8-18　早年普洱茶包装（范奕杉　拍摄）

24 影响普洱茶品质的主要微生物有哪些

普洱茶渥堆过程中微生物类群复杂，种类繁多，主要微生物有黑曲霉、青霉属、根霉属、灰绿曲霉、酵母属、细菌类。细菌数目极少，没有发现有致病细菌。这些微生物直接影响普洱茶品质和保健功效的形成。

红茶王者归来

红茶是全球茶叶市场上的王者，从英王室下午茶喝的工夫红茶，到街头大众品饮的红碎茶，都少不了滇红茶。1940 年试制出首批滇红工夫茶，这批滇红茶通过香港富华公司转销伦敦，以最高价格售出而一举成名。据说英国女王得到后将其置于玻璃器皿之中，作为观赏之物。1986 年，伊丽莎白女王访问中国来到云南，收到的国礼就是凤牌滇红茶。

01 滇红茶的诞生

1938 年底，云南中国茶叶贸易股份公司成立，委派郑鹤春、冯绍裘到凤庆采凤山茶园冬季鲜叶试制红茶。1939 年建厂开始生产红茶，冯绍裘任厂长。首批试制出的红茶受到国内外业界一致好评，先命名为云红，后更名为滇红。1939 年春中茶公司又派范和钧、张石城到勐海试制红条茶，1940 年建厂生产。1938 年云南省政府决定由白梦愚筹建思普区茶叶试验场；1939 年 4 月，建立南糯茶叶分场；1940 年在南糯山建立制茶厂，进口大型机器生产红碎茶。从此，滇红茶在云南大地诞生。

图 8-19　凤庆茶厂的创办人冯绍裘铜像

02 滇红工夫茶的基本品质

滇红茶分为滇红工夫茶（红条茶）、红碎茶两类。滇红工夫茶主产于临沧的凤庆、云县，西双版纳的勐海，保山的昌宁、腾冲等地。滇红工夫茶基本品质：外形条索紧结，肥硕雄壮，色泽乌润，金毫特显；内质汤色艳亮，香气鲜郁高长，滋味浓厚鲜爽，富有刺激性；叶底红匀嫩亮。各主产区因生态环境、鲜叶品种不同，产品风味略有不同。

金毫特显：茶茸毫显露为滇红工夫茶的品质特点之一，其毫色可分淡黄、菊黄、金黄等类。凤庆、云县、昌宁等地工夫茶的毫色多呈菊黄；勐海、双江、普文等地工夫茶的毫色多呈金黄。在同一茶园，春季采制的工夫红茶毫色多呈淡黄，夏茶毫色多呈菊黄，秋茶毫色呈金黄。

图 8-20　滇红工夫茶

耀眼黄金圈：滇红工夫茶特有的红艳明亮的茶汤在与白色瓷杯（碗）交界处会形成一圈黄金色，分外绚丽、耀眼。

上品冷后浑：滇红工夫茶汤冷却后呈现乳凝状，称冷后浑或冷后晕现象，是云南大叶种红茶特有的品质特征，冷后浑现象较早出现是茶叶品质优良的表现。

03 滇红红碎茶

红碎茶，选用云南大叶种鲜叶作为原料，水浸出物在 40% 左右，符合国际卫生标准，适宜加奶、糖饮用，主销欧美等三十多个国家。其外形颗粒紧结，身骨重实，色泽调匀，冲泡后汤色红艳，金圈突出，香气馥郁，滋味浓强鲜爽。红碎茶自 1960 年问世以来，以出类拔萃的品质，受到国内外茶叶界行家的高度赞赏。“云南红碎茶，品质耀中华，若与印斯比，无愧锦上花。”印度茶业行家也认为，云南红碎茶品质可与印度阿萨姆良种所制高档红碎茶并驾齐驱。

04 滇红工夫茶、红碎茶的加工工艺流程与品质特征

碎茶加工工艺流程为：鲜叶⇨萎凋⇨揉捻（切碎）⇨发酵⇨干燥⇨精制。

滇红红条茶的品质特征：①外形。有针形、卷曲形、毛峰形，条索乌润，紧结肥硕，毫尖金黄；②内质。红汤红叶，糖香果味，回甜，滋味浓强鲜爽。

图 8-21　红茶品饮

红碎茶的品质特征：①外形。叶茶，条形紧细挺直；碎茶，颗粒紧结重实；片茶，呈皱褶木耳状；末茶，重实如沙粒；②内质。红汤红叶，糖香果味，回甜，滋味浓强鲜爽。

图 8-22　红茶干茶

滇红茶品质的形成：在用云南大叶种茶树鲜叶前提条件下，萎凋造成糖香、花香浓厚鲜爽；揉捻（揉切）推动转化、成形；发酵完成红茶基本品质；干燥（烘或晒）提高固定特有香气。

05 滇红茶的审评

滇红茶审评分为工夫红茶审评和红碎茶审评两部分。①工夫红茶审评特征表述：外形条索细紧，平伏匀称，色泽乌润；内质黄金汤色，香气馥郁，滋味甜醇，叶底红亮。②红碎茶审评特征表述：条索松紧、重实，嫩度，粗

细，白毫、锋苗，色泽乌润度，芽毫色，整碎，净度。③红茶审评香气类型表述：嗅到的香气用高低、持久、冷后余香表述；地域性的表述，如正山小种松烟香、祁红蜜香、川红橘糖香等，滇红工夫茶焦糖香高持久，冷后余香。

06 与时俱进的滇红茶

适应市场需求而不断改革创新的“中国红”，是精选了18种品种鲜叶精制而成的，汤色呈金黄明亮，有玫瑰香。保山的“蜜香红”，结合了乌龙茶制作工艺，蜜香持久。“冬至红”属于昌宁红系列新品，寓意特别好，汤色滋味也好。紫娟红茶：新品种尝试，汤色红亮，干茶色、叶底色尤其好。古树红茶、晒红茶：品质有参差。野树红茶：古朴生态，香气滋味的确有别于栽培树种所制红茶。

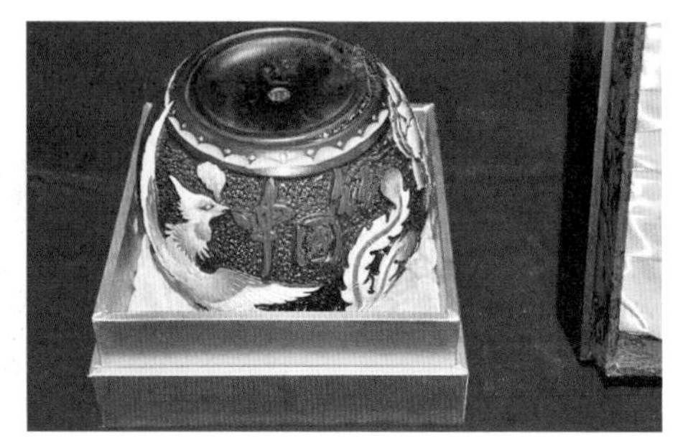

图 8-23 “中国红”滇红茶

07 什么是太和甜茶

太和甜茶是云南最古老的红茶，产自普洱镇沅县振太镇，振太镇史称太和镇。太和自古产茶，是茶马重镇，“茶盐马帮走四方，太和嘉兴美名扬”。太和除出产传统晒青毛茶、紧压茶外，还产一款低苦涩、香甜滑、耐存耐泡的茶，“晒出来的红茶”（SUNSHINE BLACK TEA）这一特殊品类，至今已有300多年。太和甜茶最大特点是“甜”，适口性强、易于接受，在澜沧江中游两岸被广泛用于逢年过节、婚丧嫁娶、敬神祭祖、礼尚往来等，深受多民族人民喜爱。

图 8-24 晒红茶

08 滇红茶如何品饮

品饮分清饮、调饮。清饮滇红茶时，因滇红茶特有的浓、强、鲜品质，应备有淡味的茶点，最好的是烤面包片（原味全麦）。

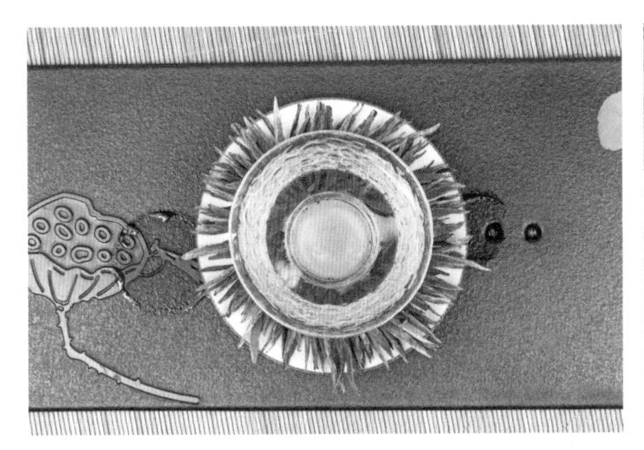

图 8-25　滇红工夫茶

图 8-26　红茶汤色

滇红的调饮多以加糖、加奶调和饮用为主，加奶后的香气、滋味依然浓烈。加奶、加姜汁、加红糖适合热饮；冰红茶、冷水泡，加柠檬、薄荷、玫瑰花瓣适合冷饮。

上好绿茶在云南

云南有上好的绿茶，这些绿茶大多是贡品茶。2014 年 8 月 1 日笔者在调研时发现，早年金沙江边有茶园、茶厂，曾生产绿茶。现在仍有零星茶树存在，当年厂长也还健在。也就最终确定在云南的 16 个地州市一直都有名优绿茶存在。

图 8-27　昭通绿茶

01 昭通传统名优绿茶

大关翠华茶：传统名茶，原产于昭通大关县城东翠屏山麓的翠华寺周边，属中叶种、高香贡茶。

石缸茶、僰人茶：名优绿茶，产于盐津豆沙关石缸坝，有“黎山玉碧”“黎山佛兰”（桂花窨制），均为原生态民间纯手工茶系列。

02 曲靖传统名优绿茶

罗松茶：传统历史名茶。相传明代时罗平县有一座松毛山，山上的接引寺里僧人种茶、做茶，就叫罗松茶。属中小叶种、高香型。可加工成全炒青绿茶，少量烘青，滋味纯正。

图 8-28　宣威普立乡戈特村戈特茶

在富源、师宗、宣威、马龙等县境内，有许多散落在保护区内或村落旁田地间的茶树，用这些茶树上的鲜叶做出的炒青、烘青、晒青绿茶有甜香，滋味平和，宜发展成为特色旅游产品，如戈特茶的“品戈特茶，赏世界最高桥”的宣传语。

03 楚雄传统名优绿茶

化佛茶：产于云南牟定县的庆丰茶场，因与闻名的化佛山毗邻而得名，1982 年在云南省良种名茶鉴定会上，荣获大叶种白毫型名茶称号。

兔街茶：产于哀牢山脉南坡的南华县兔街镇半坡、小村、小戈瓦一带。兔街镇素有“茶叶之乡”的美誉，从清代就开始种植茶叶。

04 玉溪传统名优绿茶

元江糯茶：著名的茶叶专家肖时英、张木兰夫妇曾在 1954 年、1959 年两次到元江猪街考察，收集了标本、茶籽并鉴评了猪街茶，“元江糯茶”作为地方优良品种也在当时上报相关部门备案。

05 红河传统名优绿茶

绿春玛玉茶（蚂蚁茶）：原产于绿春哈尼族自治县的骑马坝。茶园位于黄连山麓，海拔为 1100 ~ 1300 米。400 多年前系用木甑蒸茶，竹筒筑装，用火烤干，现多采用烘青加工。

元阳云雾梯田茶、元阳云雾茶、梯田秀峰茶、云雾茶都是典型的云南大叶种机制炒青绿茶。

06 文山传统名优绿茶

图 8–29　麻栗坡大茶树

底圩茶：又称姑娘茶，香竹筒茶产于文山州广南县，采取大叶种晒青茶为原料加工而成，为云南古老名茶种类之一。

竹筒香茶：原料为细嫩芽，少数为一芽二叶、一芽三叶，鲜叶经杀青、揉捻后，塞进新鲜嫩甜竹筒内，以文火烤干，剖开竹筒掏出，即成竹筒茶。

07 普洱传统名优绿茶

云针茶：产于墨江哈尼族自治县。此茶于 1945 年开始生产，仿照日本蒸青“玉露茶”的做法。从 1958 年起改用半炒、半烘的方法制成。因外形条索紧直如松针而取名云针，即云南针形茶之意，是云南绿茶中造型标新立异的佳品。

08 西双版纳传统名优绿茶

佛香茶：勐海佛香茶是产于云南勐海的条形炒烘型绿茶。勐海在古代地名为佛海，茶叶清香，所以取名为勐海佛香茶，于 1987 年研制成功并开始生产。

图 8-30　佛香茶

09 大理传统名优绿茶

大理感通茶：是云南历史比较早的传统名茶。感通茶生长在感通寺方圆近 10 平方公里圣应峰（又称荡山）、马龙峰一带，处在莫残溪、龙溪之间。明代旅行家徐霞客游感通寺后记载：“中庭院外，乔松修竹，间作茶树，树皆高三四丈，绝与桂相似。”

云龙县大栗树茶：云南大叶种的全炒青绿茶。

罗伯克绿茶：全炒青绿茶，产于南涧彝族自治县罗伯克茶场。罗伯克茶场位于北回归线附近，无量山、哀牢山两大山延伸处。茶树品种均为云南大叶种的优良群体种。

图 8-31　感通茶树

10 保山传统名优绿茶

清凉山磨锅茶：云南省保山市腾冲市蒲川乡清凉山的特产。“清凉山”商标是云南省“著名商标”。原料为云南大叶种茶，用全炒青复磨加工方式制作而成。

11 德宏传统名优绿茶

梁河回龙茶：产自梁河县大厂乡回龙寨，云南大叶种炒青绿茶。

梁河回龙茶既是地理标志商标，也是农产品地理标志产品。

12 丽江、怒江、迪庆名优绿茶

丽江华坪乌木春茶：名优绿茶乌木春茶产于乌木河永兴傈僳族乡。

图 8-32　丽江华坪乌木春茶

图 8-33　怒江茶

怒江老姆登茶：产于福贡县匹河怒族乡老姆登村，原料为碧江大叶种茶，采用全炒青工艺。

中甸绿茶：产于香格里拉市金沙江边，在 20 世纪七八十年代有生产，为云南大叶种炒青绿茶。

13 临沧传统名优绿茶

耿马蒸酶：属“回味牌”蒸酶茶系列产品。原料为云南大叶种茶鲜叶，采用蒸青工艺，产品具有玉米香型、板栗香型、清香型等。

缤纷民族茶饮

有不熄灭的火塘，就会有热水沸腾的土罐或茶壶。有的地方会在火塘放一个可烘烤的土罐或竹筒。往土罐里放进茶叶，不断转动土罐烘烤茶叶，当茶叶被烘烤成金黄色，散发出焦煳味时，把开水猛地冲进罐里，开水与热罐的猛然撞击，水汽突然升腾，同时发出一种声响，有如沉沉的雷声。等水汽散去，用小火煨，茶汤再次沸腾时，就可以斟到茶杯、茶碗里喝了。茶汤颜色红浓，滋味十分凛冽。倒完茶汤后再往罐里续上开水继续煨。火塘边有时放着盐罐、糖罐，火塘灰里也时不时地埋着已烤熟的土豆。

这样的茶饮，在云南多地多民族都有，叫烤茶、“雷响茶”、罐罐茶、百抖茶等。这反映我们祖先早期发现利用茶树，以药用、食用（生吃）为主，有了火，有了最简单的竹木、泥陶器皿后，才改为饮用茶（热）的进化过程。

01 大理白族“三道茶”

大理白族“三道茶”，每道茶的制作方法和使用原料都是不一样的。第一道茶为“清苦之茶”。先将水烧开，主人将一只小砂罐置于文火上烘烤。待罐烤热后，随即取适量茶叶放入罐内，并不停地转动砂罐，使茶叶受热均匀，待罐内茶叶“啪啪”作响，叶色转黄，散发出焦糖香时，立即注入已经烧沸的开水。少顷，主人将沸腾的茶水倾入茶盅，再用双手举盅献给客人。由于这种茶是经烘烤、煮沸而成的，因此，看上去色如琥珀，闻起来焦香扑鼻，喝下去滋味苦涩。通常只有半杯，可一饮而尽。第二道茶为“甜茶”。当客人喝完第一道茶后，主人重新用小砂罐置茶、烤茶、煮茶，与此同时，还得在茶盅或茶碗内放入少许红糖、乳扇、桂皮等，煮好后将茶汤倒入茶盅，倒到八分满为止。第三道茶为“回味茶”。虽然煮茶方法不变，但是茶盅茶碗里放的原料已换成适量蜂蜜，少许炒米花，若干粒花椒，一撮核桃仁，茶容量通常为六七分满。饮第三道茶时，一般是一边晃动茶盅，使茶汤和佐料均匀混合，一边口中“呼呼”作响，趁热饮下。喝完“三道茶”，口中顿感五味俱全，回味无穷。

02 丽江纳西族龙虎斗茶

龙虎斗茶的制作：将水烧开，在陶罐里加入适量的茶叶，然后放在火塘上边转动，边烘烤，等到茶叶被烤出焦香气味时，把开水冲进烤茶陶罐中，焖煮几分钟；在已备好的茶盅里倒上半盅白酒，再将煮沸的茶汤倒进茶盅里。茶汤与白酒猛然相融，茶盅里的白酒发出悦耳的嘶嘶声响，同时茶香、酒香四溢。纳西人把这种声响看作吉祥的象征，发出的声响越大，就认为越吉祥，大家就越高兴。这种茶既有茶香，又有酒香，趁热喝，顿感醇味浓厚，香气盈口，喝到肚里觉得暖洋洋的，非常舒服。

03 香格里拉藏族酥油茶

图 8-34　火塘前熬茶

酥油茶藏语为“恰苏玛”，意思是搅动的茶。熬砖茶，也有部分用普洱茶、红茶、绿茶等，加酥油、食盐以及多种香料，在茶桶中用茶杆搅拌使茶乳交融。兼有奶茶、清饮等茶饮特点，是当地藏族等民族群众都不可或缺的饮品。酥油茶咸里透香，甘中有甜，既能暖身御寒，又能补充营养。酥油茶里的茶汁很浓，有生津止渴、提神醒脑、防止动脉硬化、抗老防衰、抗癌等作用。

04 版纳傣族竹筒茶

竹筒香茶傣语称腊跺，又名姑娘茶。外形呈圆柱体，香气馥郁，具有竹香、糯米香、茶香三香融为一体的特殊风味，滋味鲜爽回甘，汤色黄绿清澈。其制法：采摘细嫩的一芽二叶或一芽三叶，经杀青、揉捻后装入口径约为 6 厘米、长 25 厘米的嫩甜竹筒内，边装边用香樟或橄榄树做成的木棒将竹筒内的茶叶舂压紧实，边装、边烤、边舂，直到竹筒内茶叶填满舂紧为止，然后用甜竹叶或草纸堵住竹筒口，放在离炉火约 40 厘米高的三脚架上，以文火慢慢烘烤，每隔 4 ~ 5 分钟转动一次，让竹香与茶香交融。待闻到阵阵香味，竹筒由青绿变焦黄时，将竹筒取出冷却，冷却后用刀剖开，取出成圆柱形的茶柱，这样竹筒香茶就做好了。云南多地多个民族都有这样做法。

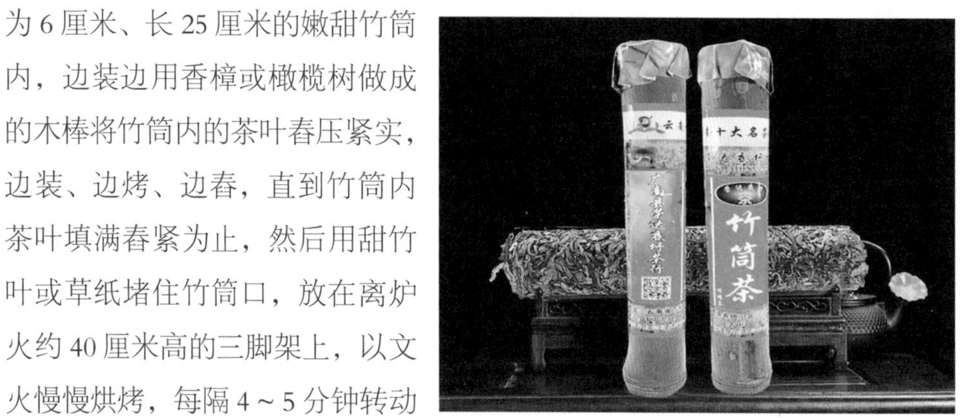

图 8-35　竹筒茶

05 凉拌茶、腌茶、酸茶

基诺族喜爱的“拉八批皮”，即凉拌茶。他们将刚采收来的鲜嫩茶叶新梢，稍用力揉软搓细，放在大碗中加上清泉水，再加入黄果叶、酸笋、酸蚂蚁、白生、大蒜、辣椒、盐巴等配料拌匀，腌上一刻钟，让所有佐料的美味都渗透到茶叶中去。基诺族人除了用泉水或凉开水凉拌的吃法以外，还会把揉搓后的茶叶直接拌调料吃，而不加清水。也有的在“凉拌茶”中加入槟榔，全靠个人的口味而选择。这种“凉拌茶”用糯米饭作搭配佐餐，清香甘甜，余味悠长。

居住在云南德宏地区的景颇族，在每年春雨霏霏的季节，将采摘的鲜嫩茶叶洗净后用竹箩摊开晾干，再拌上食盐、辣椒放进竹筒内。每放一层用木棍捣一次，不留空隙。这样层层捣紧后，再将竹筒口用泥巴或盖子封起来，放置到阴凉处 3 个月后，竹筒腌茶就腌好了。腌茶腌好后，用刀剖开竹筒，将腌茶倒在竹箩里晾干后，再装入瓦罐里，便于平时拿取，当菜食用。食用时常拌上香油、蒜泥等其他佐料。对于这种竹筒腌茶，有生嚼着吃的，也有炒熟吃的。

布朗族是云南最早种茶的民族之一，他们有食酸茶的习惯。一般在五六月份，他们将采回的鲜叶煮熟，放在阴暗处十余日让它发霉，然后将茶叶放入竹筒内，并将竹筒埋入土中，经月余后即可取出食用。酸茶可以帮助消化和解渴。

06 无量山高，樱花谷美，南涧茶好

南涧彝族自治县位于云南省西部，地处无量山与哀牢山结合部，是澜沧江中下游和沅江上游支流的分水岭地带。南涧风光秀美，民族风情浓郁，旅游资源丰富。在冬日的无量山樱花谷景区，茶园中樱花怒放，如云霞的樱花与碧绿如染的茶园交织在一起，构成一道美丽的风景线，被誉为中国冬日最美风景线，2015 年获评为 AAA 国家级旅游景区。南涧是古茶树资源非常丰富集中的地方，凤凰沱茶就产于此。

图 8-36　南涧跳菜

图 8-37　茶绿樱红的樱花谷

澜沧江流域茶文明

澜沧江从青海源头出发，流经西藏、云南，出境后叫湄公河，流经缅甸、老挝、泰国、柬埔寨，从越南入海。茶这种被澜沧江流域众多世居民族推崇的植物，通过茶马古道向中原（内地）大量传播。茶马古道开启了澜沧江流域茶文明之旅。

01 三江源国家公园

三江源国家公园建在青藏高原腹地，长江、黄河、澜沧江三江源头汇水区，拥有世界高海拔地区独有的大面积湿地生态系统及丰富的高寒生物种质资源。三江源素有“中华水塔”“亚洲水塔”之称，是我国乃至亚洲重要的生态安全屏障。国家公园的设立核心目的就是保护和修复生态环境，传承生态文化，建设生态文明的安全屏障。三江源是中华民族的宝贵财富，是美丽中国的重要象征。

三江源远流长，奔腾不息。长江、黄河孕育了中华农耕文明，澜沧江孕育了中华茶文明。澜沧江流域孕育催生的民族茶文化是中华民族茶文化的重要基石，而人与自然和谐共生正是中华民族茶文化的精髓之一。三江源开启的是中华民族生态文明的源头，象征人类对大自然惠赠的感悟、感恩，昭示人类与大自然相携共进，和谐共生，开启生态文明新时代的旅程。

02 世界茶树原产地的中心地带

中国的西南地区是世界茶树的原产地，澜沧江流域是古茶树的现代分布中心。云南古茶树的分布呈现两个显著特点：一是分布区域广，16 个地州有 13 个地州有古茶树；二是形成特别密集区，即澜沧江流域和哀牢山山脉和高黎贡山山脉。90% 以上的古茶树分布在澜沧江流域，具有显著的区域性。

03 与茶树相携共进

如果说茶树只是澜沧江流域多种民族发现和利用的一种植物，那么它只能同千千万万被人类利用的植物一样，成为在特定区域内被小部分人利用的植物。而茶树上的叶子，人类起初用它来解毒，后来发现它还能解腻、解渴、提神，茶叶用途逐渐扩展大。对于以狩猎肉食为生，辅以植食的先民而言，茶的解腻作用是革命性的，茶注定成为先民的生活必需品。

对于游牧民族而言，茶是生活的必需品，茶的贸易，成为古代中原王朝控制游牧民族的一种手段。

04 同饮一江水

中、老、缅、泰四国山水相依，澜沧江—湄公河流域各国同饮一江水，享有共同的良好的生态环境。通过调查发现老、缅、泰三国都有大面积的古茶树、古茶园存在，古茶树多分布在原始森林里，良好的生态环境使古茶树、古茶园得到很好的保护。滇南地区的自然地理气候和这几个国家差不多，共享同样的自然环境和生态结构。

图 8-38 泰国茶园

05 同栽一种树

澜沧江—湄公河流域内各民族自古就有相同的种茶、饮茶和吃茶的习惯，很多民族同宗同源（傣族、布朗族、拉祜族、哈尼族、阿卡族、苗族、瑶族等），拥有共同的民族茶文化。云南布朗山的老曼峨、曼兴龙自古就有吃酸茶的习惯；缅甸、泰国至今仍保留腌茶、吃茶的习惯；在泰国，人们把酸茶当作招待朋友的一种美食。茶树作为一种食用菜品，不论他们的部落迁徙到哪里，他们都会带着茶种，走到哪里，种到那里。

06 缅甸特色茶俗

缅甸古茶树数量多，树干高大，基本没有人为改造过。缅甸人很喜欢喝茶，就连早中晚餐都在茶座、茶餐厅解决，一天喝上三五次奶茶、拉茶是常事，生活非常悠闲。喝茶的习惯受到中国、印度的影响。

特色的“嚼茶”：先将茶树的嫩芽叶蒸一下，然后用盐腌，最后掺上少量其他佐料，放在口中嚼食。

缅甸缅族人有饭后喝热茶的习惯。用茶叶拌黄豆粉、虾米松、虾酱油、洋葱末、炒熟的辣椒籽等，搅拌后冲成怪味茶饮用。外地游客不太适应这样独特而陌生的口味。

图 8-39　缅甸古树茶

07 老挝古树茶

老挝红茶是将印度制茶工艺和老挝民族制茶工艺相结合而制成的原生态茶。这种茶没有好看的外形，都是自然的原始形态。老挝古树茶茶叶内质丰富，香气十足，滋味醇厚。茶有自然的蜜香和水果香。有一片古树茶园，生长在原始森林之中，和果树混生，园中所产茶叶带有芳香飘逸的果香，是畅销品牌茶“金占芭”的原料基地。

图 8-40　老挝红茶

08 泰国茶俗

泰国目前拥有 1.53 亿平方米的茶园。泰国茶叶每年都远销欧洲、美国以及中国台湾等国家和地区，出口金额约 241 万美元。

泰国冰茶：泰国人喜爱在茶饮里加冰。在气候炎热的泰国，饮用冰茶使人倍感凉快、舒适。冬天，则喜爱热红茶加奶，有点西式风格，还酌量放菊花蜜。在泰北人们喜欢吃腌茶，做法出自云南少数民族，吃时将它和

图 8-41　泰国茶

香料拌匀，放进嘴里细嚼。腌茶是泰国当地世代相传的一道家常菜。

09 柬埔寨茶俗

柬埔寨受华人影响，向来爱喝茶，有很多喝茶习俗与我国广西的相同。他们喜爱饮一种玳玳花茶。玳玳花晒干后，放上 3 ~ 5 朵和茶叶一起冲泡饮用。一经冲泡后，玳玳花和茶两者相融，绿中透出点点白的花蕾，喝起来芳香可口。玳玳花茶有止痛、去痰、解毒等功效。

10 越南茶产业

越南人日常喝的茶饮有红茶、绿茶、花茶、农桑茶。越南种植加工茶叶历史悠久，但有关茶叶方面的详细资料直到 1955 年才有记载。当时越南全国约有 5400 公顷的种茶区面积，生产的茶 60% 左右出口到法国及其海外属地。

图 8-42 农桑茶

越南南北分治后，南越地区成为红茶的主要生产和出口地区，销售对象主要是英国。当今越南茶产业大多集中在中部和中北部山区，主要生产绿茶和红茶。伊拉克、英国、日本、美国、印度、巴基斯坦和俄罗斯等 40 多个国家和地区是越南茶叶的主要出口和销售市场。

第9章 中华茶文化知多少

茶文化是以茶物质为载体，融合、传播与展现不同时代的思维方式、行为模式、价值观念和审美情趣等的一系列精神财富和产物，如茶道、茶德、茶精神、茶联、茶诗、茶书、茶画、茶歌、茶学、茶故事、茶具、茶艺等。中华民族56个家庭成员都爱茶，茶已经彻底融入中华民族文化的血液里，56个民族的茶事、茶俗、茶礼，荟萃升华成为灿烂辉煌的中华民族茶文化。

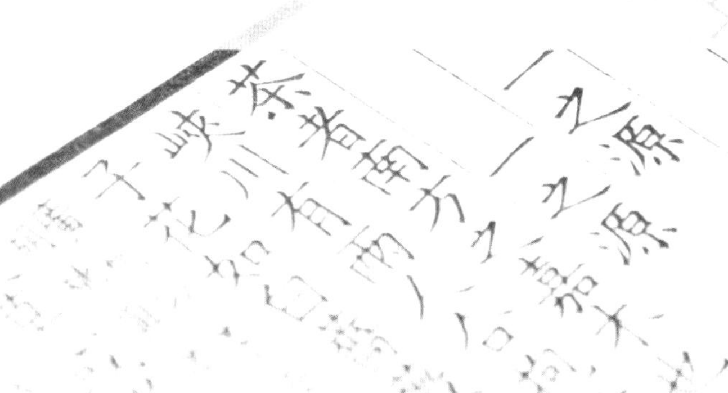

茶与民族民俗

茶树起源于中国，茶文化也就源于我们祖先对茶树的发现和利用。茶树原产地的各民族人民以茶叶为载体，传播、演绎本土、本民族的优良传统文化，升华形成更高层面上的民族茶文化，最后融汇形成中华民族茶文化。

01 青海熬茶

青海是众多民族的发祥地，现主要聚居有汉、藏、回、土、撒拉、蒙古族，其中土族和撒拉族是全国唯一在青海所特有的少数民族。与当地人喝茶，听到最多的一句话就是：“宁可三日无粮，不可一日无茶。”茶砖是通用伴手礼，常用于走亲访友，托媒提亲。提亲的过程就称为“走茶”，“走头道茶，二道茶，三道茶”，这点像极了江南。只是喝熬茶，才突显了地域特色。

熬茶的茶汤呈深红色，椒香咸香伴着茶香，喝一碗，口齿醇香，全身暖融融的。熬茶的主料，一种是四川松潘地区产的大叶散茶；另一种是茯砖茶。伏砖茶以湖南益阳产的最受好评，色泽黄褐，香气纯正，浓醇带涩，隐现金花。辅料有盐、鲜奶、大红枣、荆芥、杏仁、核桃仁等。调料有草果、姜皮、花椒、芝麻等。用石臼把茯砖捣碎，放进粗陶罐或大铁锅里，冲上开水，然后放在旺火上熬成褐红色茶汁，加盐、辅料、调料。不加奶熬好的是香气浓郁的清茶，加鲜奶熬的则是奶茶，奶茶甜中带咸，浓而不腻。熬茶讲究使用独特的茶具、清泉水，麦秸秆烧火。这样熬出的清茶、奶茶味道绝佳。

02 茶祭黄帝

黄帝是中华远古时期部落联盟首领，被尊为中华民族的“人文初祖”。传说另一位始祖炎帝最早发现了茶树，黄帝与炎帝结盟后也认知了茶，并令仓颉造了“茶”字，就是最早的“茶”字。相传农历三月初三是黄帝的诞辰，春茶刚出，此时又逢清明，炎黄后代们用茶祭始祖，当属顺理行孝道。

03 西南山地各民族茶饮

西南山地各民族群众是茶树原产地的原住民，他们一直与茶树相携相伴，他们的茶俗、茶饮特点接近自然状态。有火，有水，有土陶，有竹的地方，就有茶饮。

表 1　西南山地各民族茶饮

民族	饮茶方式
彝族	烤茶、陈茶
哈尼族	煨酽茶、煎茶、土锅茶、竹筒茶
傣族	竹筒香茶、煨茶、烧茶
白族	三道茶、烤茶、雷响茶
景颇族	竹筒茶、腌茶
纳西族	酥油茶、盐巴茶、龙虎斗、糖茶
傈僳族	油盐茶、雷响茶、龙虎斗
怒族	酥油茶、盐巴茶
佤族	苦茶、煨茶、擂茶、铁板烧茶
布朗族	青竹茶、酸茶
拉祜族	竹筒香茶、糟茶、烤茶
阿昌族	青竹茶
普米族	青茶、酥油茶、打油茶
德昂族	砂罐茶、腌茶
独龙族	煨茶、竹筒打油茶、独龙茶
基诺族	凉拌茶、煮茶
壮族	打油茶、槟榔代茶
侗族	豆茶、青茶、打油茶
瑶族	打油茶、滚郎茶
苗族	米虫茶、青茶、油茶、茶粥

续表

民族	饮茶方式
水族	罐罐茶、打油茶
布依族	青茶、打油茶
仫佬族	打油茶
仡佬族	甜茶、煨茶、打油茶

04 各游牧民族的茶饮

茶是各游牧民族的生活必需品。故有“宁可三日无粮，不可一日无茶”。饮茶即可解腻消食、御寒，又可补充人体所需的维生素和微量元素。

表 2　各游牧民族的茶饮

民族	饮茶方式
藏族	酥油茶、甜茶、奶茶、油茶羹
珞巴族	酥油茶
维吾尔族	奶茶、奶皮茶、清茶、香茶、甜茶、炒面茶、茯砖茶
蒙古族	奶茶、砖茶、盐巴茶、黑茶、咸茶
羌族	酥油茶、罐罐茶
回族	三香碗子茶、糌粑茶、三炮台茶、茯砖茶、糖茶
门巴族	酥油茶
达斡尔族	奶茶、荞麦粥茶
塔吉克族	奶茶、清真茶
哈萨克族	酥油茶、奶茶、清真茶、米砖茶
柯尔克孜族	茯茶、奶茶
撒拉族	麦茶、茯茶、奶茶、三香碗子茶
土族	年茶
东乡族	三台茶、三香碗子茶

续表

民族	饮茶方式
乌孜别克族	奶茶
俄罗斯族	奶茶、红茶
保安族	清真茶、三香碗子茶
塔塔尔族	奶茶、茯砖茶
裕固族	炒面茶、甩头茶、奶茶、酥油茶、茯砖茶
鄂温克族	奶茶

05 其他地区各民族茶饮

东北、中部、东南等地的各族人民茶饮呈现多样化、礼仪化、大融合的特点，有喝精茶、细茶、花茶、红茶，品饮、待客、庆祝等习俗。

表3　其他地区各民族茶饮

民族	饮茶方式
满族	红茶、盖碗茶
朝鲜族	人参茶、三珍茶
赫哲族	小米茶、青茶
鄂伦春族	小黄芩叶、砖茶
锡伯族	奶茶、茯砖茶
土家族	擂茶、油茶汤、打油茶
畲族	擂茶、三碗茶、烘青茶
高山族	酸茶、柑茶
黎族	黎茶、芎茶
京族	青茶、槟榔茶
毛南族	青茶、煨茶、打油茶

06 成都茶馆

中国最早的茶馆起源于四川。《成都通览》记载，清朝末年成都街巷共有 516 条，而茶馆就有 454 家，几乎每条街巷都有茶馆。1935 年，成都《新新新闻》报载，成都共有茶馆 599 家，每天茶客有 12 万人之多。即便在今天，成都的茶馆数量恐怕也是四川之最、中国之最、世界之最。

07 成都盖碗茶

盖碗茶是成都的“正宗川味”特产。成都的盖碗茶，是用铜茶壶、锡杯托、景德镇的瓷碗泡成的茶，色香味形俱佳。茶馆中，堂倌边唱“喏”边流星般转走，右手握长嘴铜茶壶，左手卡住锡托垫和白瓷碗，当左手一扬，“哗”的一声，一串茶垫脱手飞出，茶垫刚停稳，“咔咔咔”，茶碗转眼已落稳在茶垫上，捡起茶壶，蜻蜓点水，一圈茶碗，碗碗鲜水掺得冒尖，却无半点溅出碗外。

使用茶盖的考究：品茶之时，茶盖置于桌面，表明茶杯已空，茶博士会很快过来将水续满；茶客暂时离去，将茶盖扣置于竹椅之上。茶博士的斟茶窍门，是成都、重庆茶室一道特别的风景线。水柱临空而降，泻入茶碗，翻腾有声；须臾之间，戛然而止，茶水恰与碗口平齐，碗外无一滴水珠，这一项了不起的绝技。

08 北京茶馆

茶馆是一种具备多种功能的饮茶场所，在茶馆里演绎着市民气息很浓的茶文化，充满着中国传统文化的情调。北京茶馆不但数量多，而且种类齐全，有大茶馆、清茶馆、书茶馆、棋茶馆、季节性临时茶馆、避难茶馆等。“老舍茶馆”最能体现北京的地方特色。文学家老舍的话剧《茶馆》反映了老北京茶馆几十年的兴衰史。现在的“老舍茶馆”雕梁画栋、花格木窗，墙壁上悬挂着名人字画，吊着华丽的宫灯，摆设具有晚清风格的桌椅，环境高雅，彰显了传统京味茶馆的特色。

09 京味大碗茶

喝大碗茶，在汉族居住地区，尤其在北方地区随处可见，遍布于大道两旁、车船码头、十里凉亭，乃至田间地头、车间工地，粗茶、大桶、大壶、大碗，一片热气腾腾，喝上一口，人生畅快也如腾腾的热气一般。话说早年间北京什刹海海沿儿上、各个城门脸儿附近、十里天桥一带，常能碰见挑挑儿卖大碗茶的人，一般都是老头或者小孩，挑子前头是个短嘴儿绿釉的大瓦壶，后头篮子里放几个粗瓷碗，篮子把上还挎着俩小板凳儿。一边走一边吆喝，碰上了买卖，摆上板凳就开张。

图 9-1　大碗茶

10 上海茶馆

上海茶馆泛指在上海开设的所有茶馆，始于清朝同治初年。在三茅阁桥临河而建设的“丽水台”茶馆，楼宇轩敞，是上海最早、规模较大的茶馆。继它之后，南京路上出现了第二家茶馆——“一洞天”。光绪二年（1876 年），广东人在上海广东路的棋盘街北开了同芳茶居，兼营茶点，清晨供应鱼粥，中午供应各色点心，晚上供应莲子羹、杏仁酪。南市的湖心亭茶室、“也有轩”“四美轩”和“春风得意楼”等都颇具盛名。

11 绍兴四时茶俗

浙江绍兴有大年初一喝元宝茶的习俗。大年初一这天，人们在茶馆中喝的茶叶比往常提高一个档次，并在茶缸中添加一颗“金橘”或“青橄榄”，还在茶缸上贴一只红纸剪出的“元宝”。一般人家待客会准备“元宝茶”，并备有金橘或橄榄，瓜子、花生，富裕的人家还备有十色糕点。

清明尝“仙茶”。清明节前茶又嫩又香又极少，是茶中仙品，品尝“明前茶”、清明供奉茶都是极高规格的礼节。

端午茶。端午节有浓茶一杯，相伴粽子、雄黄酒，“时令茶”不可或缺，相沿成习。

盂兰盆会茶。古来七月十五中元节（俗称鬼节），当地民俗多演“目莲戏”，戏台旁放大缸“青蒿茶”，专供看戏的人们舀着喝。

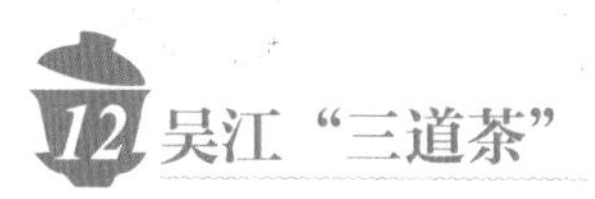

12 吴江“三道茶”

江苏吴江西南部震泽、桃源、七都等地农村家家户户都将熏豆茶或“三道茶”作为正月里招待亲友或婚礼宴席的首选茶饮。“三道茶”的喝法是“先甜后咸再淡”。头道茶叫锅糍茶，就是饭糍干加糖冲上开水即成；第二道茶是熏豆茶，又叫“茶里果”，茶里果的佐料多多，必备的有熏青豆、炒芝麻，紫苏、橙皮、胡萝卜干，再加入青橄榄、扁尖笋干、香豆腐干、咸桂花、腌姜片等多种辅料，再放上几片嫩绿的茶叶，用沸水冲泡即饮；第三道茶是清茶，即绿茶，当地人又谦称为淡水茶。

13 周庄阿婆茶

阿婆茶是江南水乡千年古镇周庄流传的一种独特的饮茶习俗。在周庄流传着吃阿婆茶的习俗，农村更为盛行。俗话说：“未吃阿婆茶，不算到周庄。”在周庄，喝过“阿婆茶”的人才能品出水乡古镇的韵味。周庄人爱喝茶，茶具越古越好，煮水要用陶器瓦罐，燃料要用竹片树枝，沏茶要先点茶头，隔数分钟后，再用开水冲泡，这样可以使茶色香味更浓。当地传统的饮茶风俗有很多名目：春茶、满月茶（剃头茶）、喜茶、监生茶、寿头茶、农闲茶、状元茶、定亲茶、望朝茶、回门茶、十二早茶、新月茶（满格茶）、元宝茶、担盘茶、元宵茶、分家茶、进屋茶、生日茶、做寿茶、吃讲茶、庚申茶等。

14 擂茶

擂茶在湖南常州等地回族聚居区长期流传，现在很多汉族人群也饮用。擂茶是用芝麻、黄豆、茶叶、绿豆等混合制作而的。过去人们饮擂茶时，桌子上一般要摆上几十盘茶点，并将盘子摆成字形，如“寿”字等，客人饮茶时，要将原来的字形拆开，自己再摆成一个新字，如“喜”字等，然后主人劝茶、敬茶，客人才开始饮茶。

15 广东早茶风俗

广东人喜欢饮早茶，有的把早茶当作早餐，一般都是全家老小围坐一桌，共享天伦之乐。传统“请早茶”也是通行的社交方式。无论是家人或朋友聚议，去茶楼泡上一壶茶，要上两件点心，美名“一盅两件”。饮早茶是喝茶佐点，故称吃早茶。

16 异彩纷呈的民族茶文化

56 个民族 56 种茶俗，汉族多饮茉莉花茶以及清饮绿茶、红茶、白茶、黑茶，游牧民族大多饮奶茶、打油茶（大都是黑茶、砖茶加奶、加油、加佐料），西南山地多个民族吃凉拌茶、烤茶。在几百年甚至上千年以前各民族的茶文化差异较为显著，但随着社会发展进步，经长时间的融合，各民族茶文化差异已不显著。茶承载着 56 个民族对自然生态、祥和生活的美好取向，这种美好取向汇集凝结成中华民族茶文化。

茶与文化艺术

茶道是以饮茶为形式，通过饮茶活动来领悟茶中寓含的道理：一种烹茶饮茶的生活艺术，一种以茶为媒的生活礼仪，一种以茶修身的生活方式。通过栽茶、做茶、沏茶、赏茶、闻茶、饮茶、研究茶，以增进友谊，美心修德，学习礼法，领略传统文化。

01 茶字是如何发展而来的

华夏的祖先最早发现和利用了茶树。以神农为代表的远古先人，发现茶树上的叶子吃了可以解毒，于是就把这种树命名为“荼”。在以前古书中“荈、蔎、槚、茗、荼”都是茶的别名。唐朝陆羽写《茶经》时，统一改“荼”为“茶”。

02 茶的雅称

茶有很多独特别致的称呼，这些称呼是从茶诗、茶典故或民俗中积淀下来的。

人在草木间即为“茶”，茶有荼、茗、乳茗、茗饮、水厄、酪奴、苦口师、不夜侯、消毒臣、涤烦子、清风使、清友、余甘氏、云腴、云华、流华、绿华、瑞草魁、愁草、嘉草、瑶草、灵草、仙芽、阳芽、蓝英、翘英、仙掌、玉爪、玉蕊、先春、甘露、碧霞、皋芦、瓜芦、葭荼、苦荼、叶嘉等雅称。

03 茶名本是名茶

历代名茶层出，民间常以名茶之名代指某一类茶，如龙井、旗枪、雀舌、眉茶、明前、雨前、毛峰、云雾、乌龙、铁观音、大红袍、肉桂、铁罗汉、水金龟、白鸡冠、竹叶青、银针、普洱等。

04 茶寿

茶字拆分开是“二十”“八十八”，二十加八十八等于一百零八，茶寿即指一百零八岁。

05 何止于米　相期以茶

“何止于米，相期于茶”是冯友兰老先生赠给金岳霖老先生的一副对联，那年二老都是 88 岁。88 岁俗称米寿，因米字看似八十八。冯友兰表达了何止活到 88 岁，期待一百零八岁时再相聚，蕴含乐观豁达、积极向上的精神。

06 吃茶去

相传唐朝有一位高僧叫从谂，常住在赵州观音寺，人称赵州古佛。因嗜茶成癖，每说话之前总要说一句“吃茶去”，后来这句“吃茶去”就成了禅语。

07 佳茗似佳人

北宋诗人苏轼有诗云“从来佳茗似佳人”，用美人来比喻茶是最好不过的。就拿普洱茶来说，新制成的生茶如美少女一般青逸、青香、青涩，在适宜的条件下陈放，会逐渐进入佳境，如少妇般风韵别致，中年般韵味典雅，老年般甘醇高贵。

图 9-2　茶——人在草木间

08 茶谚

茶谚，是中国茶文化发展过程中衍生出的一种文化现象，是群众中交口相传的一种易讲、易记而又富含哲理的俗语。民间流传的茶谚语都是与茶叶相关的容易记住的有关茶的俗语。例如：

柴米油盐酱醋茶，件件都在别人家。

琴棋书画诗词茶，梅兰竹菊茶。

开门七件事，柴米油盐酱醋茶。

米哥茶弟（吃喝），人走茶凉（势利）。

功夫在茶外。

我本愚来性不移，好女不吃两家茶。

贮藏好，无价宝；一年茶、三年药、七年宝。

山间乃是人家，清香嫩蕊黄芽。

竹无俗韵，茗有奇香。

从来佳茶如佳人（茶好人好）。

以茶代酒。

09 最绝妙的茶联

茶联是以茶为题材的对联，是茶文化的一种文学艺术表现形式以及书法形式的载体。

有一幅回文茶联：“趣言能适意，茶品可清心”，回过来则是：“心清可品茶，意适能言趣。”再有：“香茶分上露，水汲石中泉。”“尘虑一时净，清风两腋生”“坐，请坐，请上座；茶，泡茶，泡好茶。”

一幅绝妙的对联的上联“烟锁池塘柳”，诗情画意盎然，偏旁暗含金、木、水、火、土五行，四百多年无人能对，今被北大的一位教授在自己的茶室中喝茶时突发灵感得一下联“茶烹饪壁泉”。

10 茶诗和茶画

中国是茶文化的发源地，茶很早就渗透进诗词书画中，茶诗和茶画成为中国古代艺术的瑰宝。

明代唐寅（1470—1524 年），字伯虎，号六如居士，是一位热衷茶事的画家。他曾作画《品茶图》并题画诗：“买得青山只种茶，峰前峰后摘春芽，烹煎已得前人法，蟹眼松风娱自嘉。”

四位诗画大家吟诗成绝唱：“午后昏然人欲眠（唐伯虎），清茶一口正香甜（祝枝山），茶余或可添诗兴（文徵明），好向君前唱一篇（周文宾）。”四位诗画大家，一边喝茶一边吟诗句，每人一句联成一绝。

茶画绝佳：南宋刘松年《斗茶图》、明代文徵明的《品茶图》、顾闳中《韩熙载夜宴图》。

11 古代茶席茶室

古代茶席指茶室，即举办茶会的房间。茶室（席）的布置在唐朝就已很规范，发展到宋，茶席已不限于室内，还把一些取型捉意于自然的艺术品设在茶席上，插花、焚香、挂画与茶一起被合称为“四艺”，常在各种茶席上出现。

图 9-3　茶席

12 品茶十三宜

明代茶艺行家冯可宾的《茶笺·茶宜》中，对品茶提出了十三宜：无事、佳客、幽坐、吟咏、挥翰、徜徉、睡起、宿醒、清供、精舍、会心、赏鉴、文僮。其中的“清供”“精舍”，即指茶席的布置。

13 现代茶席设计

茶席设计是中国茶文化的组成部分，也是一门源于生活的艺术，有其独特而优美的表现形式。喝茶的桌、台上，可以摆放茶、茶具和其他必需用具，经过一方铺设，茶席在有意无意间成为一种静态艺术，辅以茶点、插花，焚香后泛起淡雅、舒静的氛围。古代茶席即指茶室，现代人将茶席称之为茶空间。

14 白露茶席意境

在一年之中白露这一天，丈量不出冷、热、干、湿哪样更重些？说不出利、害、安、危哪样更多些？冲泡一杯可信手拈来的老白茶、老乌龙茶、老普洱、老红茶、绿茶，欣赏着随处可见的秋海棠、鼠尾草、金鸡菊等，嗅着温润的茶香，喝上一口茶汤，除烦去燥，清心了意。

15 秋分茶席意境

普洱茶一生一熟两杯，一杯黄，一杯褐，中间隔把尺子，由纯香积累起醇厚，由丰收化为辉煌。秋分这天，春种秋收，春华秋实，金灿灿，硕果累累，一派丰收景象。我国畲族丰收节、藏族望果节、彝族火把节等多个民族节日也是庆丰收的。

图 9-4　白露时节品茶

中国农民丰收节，于 2018 年设立（国函〔2018〕80 号），节日时间为每年“秋分”。这是第一个在国家层面专门为农民设立的节日。

16 茶叙、茶歇和茶宠

“茶叙”即“茶话会”，“茶叙”是动词，重点在“叙”，形式是“茶”，把饮茶作为交流的形式。习近平主席曾多次以茶叙形式会见外国政要，茶叙已成为中国外交的一道靓丽风景。

图 9-5　“和谐如意”茶宠

图 9-6　茶宠

在平时工作和会议的间歇休息中会安排一些热饮（咖啡、茶）和一些甜品、水果等。现在时尚叫茶歇，主要提供各种茶饮、茶点。

茶宠是指茶人之宠物，多为紫砂或澄泥烧制的陶质工艺品，也有一些瓷质或石质的，还可以是饮茶品茗时的把玩之物，平时放在茶台上，用茶水滋养。常见茶宠象有如意、金蟾、貔貅、金猪等。

17 茶旅游

旅游经济与茶文化的契合点是以茶文化艺术为主题的体验式旅游，既娱乐身心，又增长见识。在茶园采茶、做茶、品茶，到茶馆看茶艺表演、吃茶餐、沐茶浴、购礼品茶，不经意间你已成为一个爱茶人。

18 古寺名茶

一处好山水，常常隐着一座寺院，院内外定会种植茶树。名山、名景中多有名寺，而名寺内外必有名茶栽植。往往不知道是茶因寺有名还是寺因茶有名，反正这山水、这寺与茶结缘。好山好水既宜人居，也宜茶树生长，人茶相伴，营造良好生态、环境和人文环境。

19 茶艺表演

茶艺表演是在茶艺的基础上产生的，通过各种茶叶冲泡技艺的形象来演示，使人们得到美的享受和情操的熏陶。

著名的茶艺表演有浙江西湖龙井茶礼、湖南擂茶、江西的禅茶、广东福建的工夫茶、云南的三道茶、西藏的酥油茶、宁夏的三炮台碗子茶、陕西的唐代宫廷茶道等，它们各具地方及民族文化色彩的茶艺表演，正朝着艺术化、故事化、规范化方向发展。

20 国际茶日

2019 年 11 月 27 日联合国大会宣布每年 5 月 21 日为国际茶日。这是我国首次成功推动设立的农业领域国际性节日，彰显了世界各国对中国茶文化的认可。

21 茶寿节

2006 年 10 月 3 日，昆明民族茶文化促进会在宜良群文茶艺馆举办第一次茶寿会，祝老茶人健康长寿，祝祖国繁荣昌盛。会上决定举办“茶寿节”。每年至时举办茶寿会，会上向老茶人授“茶寿匾”，欢度国庆，品茗献寿，共话茶是，擘画明天，沾国家昌盛之福气，享茶寿之康泰。至 2019 年已成功举办 14 届。

图 9-7 普洱茶文化活动——茶寿节

茶与名人名著

“神农尝百草，日遇七十二毒，得茶而解之。”我们的祖先最早发现和利用茶，最初从茶树上采下嫩芽叶是为了充饥果腹、解毒。茶作为饮料应在三国、魏晋、隋朝时，这时也是茶艺、茶道的兴起之时。

01 茶神

茶神一般指神农，他是人类发现和利用茶树的标志性人物。《神农本草经》里有“神农尝百草，日遇七十二毒，得茶而解之”的记载，唐代陆羽在《茶经》中说道：“茶之为饮，发乎神农氏。”在中国的文化发展史上，一切与农业和植物相关的事物起源最终往往都归功于神农。正因为如此，神农才被称为农之神、茶之神。

02 茶祖

人类与茶结缘万年，因地域、种群不同，信奉的茶祖各有不同。历史上云南的很多民族尊奉三国时期的诸葛亮为茶祖。据说诸葛亮南征时把茶籽分发给行军途中的少数民族，从此茶树、茶地、茶山才兴旺起来。四川一些民族尊奉西汉吴理真为茶祖，称他开植茶的先河，他从仙山移栽在蒙顶山顶的茶树至今尚在，成就了“扬子江中水，蒙山顶上茶”的世代美誉。

图 9-8　纪念孔明兴茶

03 茶圣

通常说的茶圣指的是唐朝陆羽（733—804 年），字鸿渐，唐朝复州竟陵（今湖北天门）人。他从小生活在寺院里，是老和尚把他抚养大的。他先是在寺院里熬茶煮茶给僧人们喝，长大成人后外出游历，与一些有名的诗人、书法家为友。毕生研究茶树、茶、茶道，写出世界上第一本茶学专著《茶经》。

04 《茶经》开茶学先河

陆羽在《茶经》卷上介绍了茶树的起源、分布、适生条件、栽种、品种、采茶、做茶，卷中介绍了与茶相关的器皿，卷下介绍了怎么煮茶、泡茶、品饮茶以及相关故事。这是人类第一次全面系统地对茶进行描述。《茶经》对后世的茶研究有重要的指导意义。

图 9-9　《茶经》

05 现代茶圣

吴觉农（1897—1989 年），浙江上虞丰惠人，原名荣堂，因立志要献身农业，改名觉农，是中国知名的爱国民主人士和社会活动家，著名农学家、农业经济学家，现代茶叶事业复兴和发展的奠基人。中华人民共和国成立后，他曾担任农业部副部长、全国政协副秘书长。去世前一直担任全国政协常务委员、中国农学会名誉会长、中国茶叶学会名誉理事长。

吴觉农先生所著《< 茶经 > 述评》是当今研究陆羽《茶经》最权威的著作。他最早论述了中国是茶树的原产地，创建了中国第一个高等院校的茶叶专业和全国性的茶叶总公司，在福建武夷山首创了茶叶研究所。吴觉农为中国的茶叶事业做出了卓越贡献，被人们称为“当代茶圣”。

06 茶道源于中国

“茶道”这个词在唐代就有。吴觉农先生认为，茶道是“把茶视为珍贵、高尚的饮料，因茶是一种精神上的享受，是一种艺术，或是一种修身养性的手段”。茶道文化是在茶事活动中融入哲理、伦理、道德，通过品茗来修身养性、品味人生，达到精神上的享受。

07 茶邮票

茶邮票是中华人民共和国原邮电部为了弘扬中华民族茶文化，于 1997 年 4 月 8 日发行的志号为 1997-5 的特种邮票。茶邮票全套 4 枚，分别是云南澜沧江邦崴村的古茶树、陆羽像、鎏金鸿雁流云纹银茶碾、文徵明的《惠山茶会图》。

图 9-10　茶邮票

08 清照角茶

李清照（1084—约1155年），号易安居士，宋代女词人，有“千古第一才女”之称。在为其夫赵明诚的《金石录》写的后序中有一段关于茶的叙述：“余性偶强记，每饭罢，坐归来堂，烹茶，指堆积书史，言某事在某书某卷第几页第几行，以中否，角胜负，为饮茶先后。中即举杯大笑，至茶倾覆怀中，反不得饮而起。”

09 陆纳杖侄

晋人陆纳，曾任吴兴太守，累迁尚书令。有“恪勤贞固，始终勿渝”的口碑，是一个以俭德著称的人。招待来访高官谢安仅备茶果，其侄陆俶嫌太素，暗备丰盛菜肴献上。客人走后陆纳愤责陆俶：“汝既不能光益叔父，奈何秽吾素业，”并打了侄子四十大板。这个“以茶养廉”的故事大有深意，后人常利陆纳杖经的故事弘扬茶性的廉洁、俭朴。

10 浮梁茶

白居易在名篇《琵琶行》写道：“商人重利轻别离，前月浮梁买茶去。”此处说的便是景德镇的浮梁古茶乡。浮梁茶在南北朝已有“浮梁茶最好”的美誉。到唐朝，甚至形成了“浮梁歙州，万国来求”的盛况。

图9-11　浮梁茶纪念邮票

11《大观茶论》是谁写的

宋徽宗赵佶虽然是一个昏聩的君王，但是一个不错的艺术家，琴、棋、书、画皆精，还对茶颇有研究。精于点茶、倡导茶道、亲撰茶书，写下一部茶学著作《大观茶论》。

12 《茶疏》是谁写的

明代许次纾（1549—1604年），钱塘（今杭州）人，其著作《茶疏》是我国茶史上一部著名的综合性茶书。该书对茶树的生长环境、制茶工序、烹茶用具、烹茶技巧、汲泉择水、饮茶场所、用茶礼俗、适合饮茶的天时、人的心境等进行了详细的论述。

13 茶与《三国演义》

《三国演义》以东汉末年为时代背景，当时茶与茶文化在长江流域及以南地区普及程度还十分有限，所以三国故事中茶的表现只放在较高阶层礼仪上。表现喝茶是人与人相见的一部分：相见—施礼—上茶—茶罢—谈事；上茶后，按照地位尊卑的先后顺序喝茶；喝茶之后，更深一步是喝酒；将茶、酒泼于地是无礼行为。

14 茶与《水浒传》

《水浒传》故事发生的背景是宋徽宗时期，当时风行点茶，也就是沏茶。水浒故事在宋代在民间广为流传，故事情景反映出宋人的经济生活情况。在宋代茶已融入社会经济生活中，茶坊茶肆已经成为人们会客相见的地方。武大郎家隔壁王婆是开茶坊的，提着壶来沏茶倒水符合当时的实际情况的。

15 茶与《西游记》

《西游记》故事发生的背景是唐朝，那时的宫廷茶饮器具用的是金银茶具。书的第十六回，在观音禅院，老院主礼敬唐僧："叫献茶。有一个小幸童，拿出一个羊脂玉的盘儿，有三个法蓝镶金的茶盅，以一童，提一把白铜壶儿，斟了三杯香茶。真个是色欺榴蕊艳，味胜桂花香。三藏见了，夸爱不尽道：'好物件！好物件！真是美食美器！'"唐僧是李世民御弟，见过宫廷茶具的精美豪华，夸老院主的香茶美具倒也不是客套。

16 茶与《金瓶梅》

中国古代长篇白话世情小说《金瓶梅》描写的是北宋市井小人物的世俗生活，书中茶事描写反映出这个阶层人物群体的饮茶习俗，展示了市井风俗的茶文化。全书描写到茶的地方有 600 多处，还描写在茶坊、茶肆、茶馆里饮茶，除了清茶外还举了雀舌、鹰爪，还有“胡桃夹盐笋泡茶、木婿芝麻熏笋泡茶”等半饮半食的茶饮。其中第二十一回“吴月娘扫雪烹茶”还描述了用金银茶具喝茶的场景。

17 茶与《儒林外史》

吴敬梓是清代文学家，著有长篇讽刺小说《儒林外史》。《儒林外史》以明代为故事的时代背景。明代是我国茶史上的一个重要时期。茶与文人有难解之缘，有的文人借茶助才思，而吴敬梓借助故事情节歌颂茶。细看下来《儒林外史》是一部描写茶事较多的古典文学名著。整本书有茶事 45 回，提到茶近 300 处，处处贴切。

《儒林外史》第二十九回：“叫茶上拿茶来与太太喫。”第四十九回：“管家叫茶上点上一巡攒茶。”“茶上”一词，指临时雇用来供应茶水，侍候酒席的人。在此首次见用。另“茶博士”一词也出于此书。

18 茶与《聊斋志异》

蒲松龄是清代文学家，他创作的《聊斋志异》写奇异鬼怪几百篇，其中有三十多篇涉及茶文化，“茶”“茗”字出现五六十次，还有许多茶名、茶具和民间茶饮礼俗。更传奇的是蒲松龄在村口路口摆大碗茶摊，让往来过路的人喝茶，讲故事，书中许多故事是用大碗茶换来的。这与俗话说的“功夫在茶外”有异曲同工之妙。

19 茶与《红楼梦》

曹雪芹是清代文学家，《红楼梦》展现了贵族和士大夫阶层的高雅茶文化，书中好几百处写到了茶，仅茶名，就列出六安茶、老君茶、暹罗茶、普洱茶、龙井茶、枫露茶、女儿茶、漱口茶，还有 80 多处提及今江西名茶“麻姑茶”。品茶高手有贾母、薛宝钗、妙玉及一干女主、丫鬟等。茶在古典文学名著里展现的集大成者就是《红楼梦》。

20 茶与《镜花缘》

《镜花缘》的作者是清李汝珍。书的第六十一回“小才女亭内品茶，老总兵园中留客”，整回七个自然段落，除第一、七两段作为前后照应外，中间五个自然段落，2100 多字，借众才女品茗清谈，详尽而细致地讲述了茶、茶树、采茶、泡茶、饮茶与健康、真假茶鉴别、茶字考、茶文化相关知识。“巴川陕山大树亦必费力盘驳而来，谁知茶树不喜移种，纵移千株，从无一活，所以古人结婚有下茶之说，该取其不可移植之义。”单看这章就如看全本茶艺师培训讲义。《镜花缘》中的茶文化描述显示了当时的科学品茶的水准，很多内容有积极的现实意义，实在是文学名著中解读茶文化的典范。

茶与世界遗产

世界遗产是由联合国教科文组织世界遗产委员会确认的人类罕见的无法替代的财富，是全人类公认的具有突出意义和普遍价值的文物古迹和自然景观。世界遗产是大地的精华，人类精神的家园。我国在 2016 年确定每年 6 月第二个星期六为“文化和自然遗产日”。

01 从远古走来

截至 2019 年 7 月 6 日，杭州良渚古城遗址入选世界遗产名录，中国世界遗产总数增至 55 处，其中文化遗产 37 处，自然遗产 14 处，文化自然混合遗产（双遗产）4 处，数量居世界第一。云南拥有 5 个世界遗产，数量居全国第一。泰山、黄山、庐山、张家界、武当山、峨眉山、武夷山、梵净山、杭州西湖、良渚古城遗址等 30 多处是产茶的，产传统历史名茶。

02 三江并流景观

三江并流风景区位于青藏高原以南，延伸至滇西北横断山脉纵谷地区，包括云南怒江傈僳族自治州、迪庆藏族自治州、丽江市沿金沙江部分。三江并流中的“三江”实际上指的是金沙江、澜沧江、怒江三条江。2003 年 7 月，三江并流作为“世界自然遗产”列入《世界遗产名录》。流域内有古茶树遗存。

03 云南石林

石林景区位于昆明市石林彝族自治县石林镇。石林是典型的喀斯特地貌，石峰、石芽、落水洞、地下河遍布，峰林幻化成各种形态，如剑状、塔状、蘑菇状等。2007 年 6 月，云南石林喀斯特作为中国南方喀斯特的重要组成部分，作为世界自然遗产被列入《世界遗产名录》。景区内有千亩著名石林生态茶茶园。

04 澄江动物化石群

澄江动物化石群位于云南澄江县城以东 5 公里的帽天山。澄江动物化石群主要由多门类的无脊椎动物化石组成，发现的动物群有 40 多个门类，180 余种，其中有一些鲜为人知的珍稀动物化石，现在还难以归入任何已知动物门。2012 年 7 月 1 日，作为世界自然遗产被列入《世界遗产名录》。

图 9-12　澄江县海口镇的茶树

一次偶然的机会，笔者在澄江的“最小出海口”（北纬 24°51′79″，东经 102°93′86″，海拔 1676 米）看到一户人家栽植了一棵茶树，茶树开始在这里生根发芽。

05 丽江古城

丽江古城又名大研古城，位于云南省丽江市古城区，地处玉龙雪山脚下，是茶马古道上最著名的城镇之一，已有近千年历史。丽江古城在南宋时期粗具规模，古城内木楼青瓦，古街石巷，小桥流水，站在古城东大街上，举头即可遥望玉龙雪山。1997 年 12 月，作为世界文化遗产被列入《世界遗产名录》。

06 红河哈尼梯田

红河哈尼梯田位于云南省红河州元阳县新街镇箐口村境内，绵延整个红河南岸的红河、元阳、绿春、金平等县，仅元阳县境内就有 17 万亩梯田，是红河哈尼梯田的核心区。2013 年 6 月，红河哈尼梯田文化景观作为“世界文化遗产”列入《世界遗产名录》。景区内有多处古茶树、生态茶园，它们与梯田相互成就，共生共进，构建了一道独特的风景线。

07 万里茶道

万里茶道有福建武夷山，湖南石门、安化，湖北鹤峰、五峰及江西等多处起源地，从内陆经河南、山西、河北、内蒙古向北延伸，穿越蒙古草原，抵达边境口岸恰克图。然后由东向西延伸，横跨西伯利亚，直抵俄罗斯圣彼得堡和西欧。是 17 世纪至 20 世纪初中国茶叶经陆路输出至俄罗斯和欧洲各国的国际贸易大通道，全长约 1.4 万千米，是欧亚大陆兴起的又一条重要的国际商道。

参考文献

[1]（晋）陈寿：《三国志》，中华书局 1982 年版。

[2]（晋）干宝：《搜神记》，中华书局 1979 年版。

[3]（唐）陆羽著，张芳赐、赵丛礼、喻盛甫译释：《茶经浅释》，云南人民出版社 1981 年版。

[4]（唐）陆羽：《茶经》，中国工人出版社 2003 年版。

[5]（唐）李肇：《唐国史补》，上海古籍出版社 1979 年版。

[6]（明）罗贯中：《三国演义》，人民文学出版社 1972 年版。

[7]（明）施耐庵、罗贯中：《水浒传》，人民文学出版社 1972 年版。

[8]（明）吴承恩：《西游记》，人民文学出版社 1972 年版。

[9]（明）兰陵笑笑生，王汝梅等校点：《金瓶梅》，齐鲁书社出版 1991 年第 2 版。

[10]（明）徐弘祖：《徐霞客游记》，上海古籍出版社 1996 年第 2 版。

[11]（清）李汝珍：《镜花缘》，华夏出版社 1998 年版。

[12]（清）曹雪芹、（清）高鹗：《红楼梦》，人民文学出版社 1972 年版。

[13]（清）吴敬梓：《儒林外史》，华夏出版社 1997 年版。

[14]（清）蒲松龄：《聊斋志异》，黑龙江人民出版社 1997 年版。

[15] 陈兴琰：《茶树原产地——云南》，云南人民出版社 1994 年版。

［16］童启庆：《茶树栽培学》，中国农业出版社 2000 年第 3 版。

［17］杨凯、刘燕、李晓梅：《从大清到中茶》，云南人民出版社 2008 年 12 月版。

［18］周红杰：《云南普洱茶》，云南科技出版社 2004 年版。

［19］虞富莲：《中国古茶树》，云南科技出版社 2006 年版。

［20］张顺高、梁凤铭：《茶海之梦足痕心迹》，云南科技出版社 2007 年版。

［21］云南省普洱茶协会、云南省老科协茶业分会、昆明民族茶文化促进会编：《红土高原铺绿金——云茶 60 年巡礼》，云南教育出版社 2009 年版。

［22］詹英佩：《茶祖居住的地方——云南双江》，云南科技出版社 2010 年版。

［23］汪云刚、刘本英：《滇红》，云南科技出版社 2011 年版。

［24］梁河县回龙茶协会编：《梁河回龙茶》，德宏民族出版社 2016 年版。

［25］吴觉农：《茶经述评》，中国农业出版社 2019 年第 2 版。

［26］周红杰、李亚莉：《民族茶艺学》，中国农业出版社，2020 年版。

［27］蓝增全、沈晓进著：《澜沧江孕育茶文明》，中国林业出版社 2021 年版。

［28］李勇、杨振红：《景迈茶山》，云南民族出版社 2010 年版。

［29］杨娟：《古代普洱茶的发展历程剖析》，云南师范大学硕士论文，2008 年。

［30］陈椽：《茶业通史》，农业出版社 1984 年版。

［31］庄晚芳：《中国茶史散论》，科学出版社 1989 年版。

［32］马焱霞：《中国古代茶业的发展以及对茶文化作用的探析》，南京师范大学硕士论文，2008 年。

［33］刘枫：《弘扬茶文化任重道远》，上海市职业培训指导中心、上海市茶叶学会、台湾陆羽茶艺中心《上海海峡两岸茶艺交流会文集》，内部

资料，2004年。

[34] 邬梦兆：《弘扬中华茶文化　大力发展茶文化事业》，《农业考古》2000年第2期。

[35] 关剑平：《茶与中国文化》，人民出版社2001年版。

[36] 张忠良、毛先颉：《中国世界茶文化》，时事出版社2006年版。

[37] 刘彤：《中国茶》，五洲传播出版社2005年版。

[38] 盛国华：《国外茶保健材料的研发动向》，《中国保健食品》2003年第8期。

[39] 继成：《茶多酚的开发应用》，《中国保健食品》2006年第6期。

[40] 陈宗懋：《中国茶叶大辞典》，中国轻工业出版社2001年版。

[41] 刘文洁：《弘扬茶文化构建和谐社会》，湖南农业大学硕士论文，2006年。

[42] 陈茜、孔晓莎：《澜沧江—湄公河流域基础资料汇编》，云南科技出版社2000年版。

[43] 唐海行：《澜沧—湄公河流域资源环境可持续发展》，《地理学报》（增刊）1999年第54期。

[44] 韩旭：《中国茶叶种植地域的历史变迁研究》，浙江大学硕士论文，2013年。

[45] 宋丽：《<茶业通史>的研究》，安徽农业大学硕士论文，2009年。

[46] 谭振：《中国茶文化的历史溯源与海外传播》，青岛理工大学硕士论文，2014年。

[47] 林庆：《民族记忆的背影云南少数民族非物质文化遗产研究》，云南大学出版社2007年版。

[48] 木霁弘：《普洱茶》，中国轻工业出版社2005年版。

[49] 马存非：《茶马古道上的铃声——云南马帮马锅头口述历史》，云南大学出版社2007年版。

[50] 刘旭莹：《云南民族茶文化旅游探究与开发对策》，云南大学硕

士论文，2003年。

［51］赵瑛：《布朗族传统文化的多样性》，《中国民族报》，2003年10月14日第3版。

［52］蒋会兵等：《西双版纳布朗族古茶园传统知识调查》，《西南农业学报》2011年第2期。

［53］陈椽：《茶业通史》，中国农业出版社2008年版。

［54］夏涛：《中华茶史》，安徽教育出版社2008年版。

［55］李炎、胡洪斌、胡皓明：《中国普洱茶产业发展报告（2019—2020）》，社会科学文献出版社2020年版。

［56］胡滇碧：《中药材实用栽培技术》，云南大学出版社2015年版。

［57］胡滇碧：《云南核桃栽培技术》，云南大学出版社2014年版。

［58］胡滇碧：《特色经济作物栽培与管理》，云南大学出版社2021年版。

［59］《地理标志产品　普洱茶》（GB/T22111—2008）。

［60］《普洱茶加工技术规程》（DB53/T173—2006）。

［61］《云南大叶种晒青茶生产技术规程》（Q/T PCX01—2007）。

［62］《大碗茶悠久的历史》，中国水运网，http：//www.zgsyb.com/news.html？ aid=244794.2013-08-30.

［63］《鹤鸣茶社：忙里偷闲　且喝一杯茶去》，新华网四川频道，http：//www.sc.xinhuanet.com/topic/lsjz8.htm.2019-09-23.

后 记

我们是茶学专业出身，多年从事茶科研、科技推广和茶专业教学、培训工作；我们还是多年的省市科技特派员，写茶叶科普图书义不容辞；我们一直致力于让茶走出专业的领域和商业宣传的笼罩，让更多的人群能享受茶的美好，享受这份源于大自然的馈赠。

2019年底，我们受昆明市社会科学界联合会委托，写一本用于2020年“科普周”活动的茶叶知识科普宣传材料，写成后定名为《茶在你身边》。2020年4月下旬我们完成了初稿，通篇采用词条形式，主体素材编纂都出自我们多年的工作、教学、科研实践积累。面向广大非茶学专业人群，力求通俗易懂。写作期间特别感谢昆明市社科联给予最初的支持和肯定，感谢昆明民族茶文化促进会给予的支持和鼓励，感谢昭通市大关县农业农村局的支持，让我们得以完成《茶在你身边》宣传材料的定稿和发放，作为对首个“5·21国际茶日”的献礼。紧接着在昆明市农业广播电视学校的支持下，组织编委会经过一年多的努力，对宣传资料《茶在你身边》做了大量的充实增补、梳理、修改，定名《茶问茶说》。

蓝增全　沈晓进

2021年5月21日